机械零（部）件
数控铣削加工

JIXIE LING (BU) JIAN SHUKONG
XIANXIAO JIAGONG

忻 峰 主 编

徐中辉 陈鸿叔 沈 洋 副主编

浙江工商大学出版社
ZHEJIANG GONGSHANG UNIVERSITY PRESS

图书在版编目(CIP)数据

机械零(部)件数控铣削加工 / 忻峰主编. —杭州：
浙江工商大学出版社，2014.6(2015.2 重印)
　ISBN 978-7-5178-0555-7

　Ⅰ. ①机… Ⅱ. ①忻… Ⅲ. ①机械元件－数控机床－
铣削－高等学校－教材 Ⅳ. ①TH13②TG547

　中国版本图书馆 CIP 数据核字(2014)第 141491 号

机械零(部)件数控铣削加工

忻　峰主　编　徐中辉　陈鸿叔　沈　洋副主编

策划编辑	谭娟娟
责任编辑	杜功元　周敏燕
封面设计	王妤驰
责任印制	包建辉
出版发行	浙江工商大学出版社
	(杭州市教工路 198 号　邮政编码 310012)
	(E-mail:zjgsupress@163.com)
	(网址:http://www.zjgsupress.com)
	电话:0571－88904980,88831806(传真)
排　　版	杭州朝曦图文设计有限公司
印　　刷	绍兴虎彩激光材料科技有限公司
开　　本	787mm×1092mm　1/16
印　　张	8.5
字　　数	196 千
版印次	2014 年 6 月第 1 版　2015 年 2 月第 2 次印刷
书　　号	ISBN 978-7-5178-0555-7
定　　价	22.00 元

《机械零(部)件数控铣削加工》编委会

顾　问　杨月明

主　编　忻　峰

副主编　徐中辉　陈鸿叔　沈　洋

编　委　沈　敏　楼晓东　陈长聆

　　　　崔明敏　施国扣　马纪孝

内 容 简 介

  《机械零（部）件数控铣削加工》的主要内容由理论和实际操作两部分组成。理论部分包括：数控机床的基本知识、数控铣床操作指南、数控铣床加工程序编制基础。实际操作部分包括：铣削外轮廓、内腔的加工、综合型零件的加工、孔加工固定循环、曲面的加工。本教材主要适用于我校数控技术应用专业的理论和实训教学。在专业知识安排上，本教材以国家职业、专业教学大纲为依据，涉及工件内容主要以中级工考试工件为主。

  本教材实际操作部分以任务驱动为主线，将任务目标、零件图及工量具清单、工艺方案、评分表、注意事项、相关知识贯穿在每一个任务教学过程之中，使新技术、新工艺、新方法得到了综合的体现。本教材具有形象化、动态化、立体化、多元化等特点，符合学生认知规律。

编 者

二○一四年三月

目　录

第一篇　理论部分

第二篇　实际操作部分

第一篇
理论部分

第1章　数控机床的基本知识

1.1　数控机床的发展

随着科学技术的飞速发展,机械产品日趋复杂,社会对机械产品的质量和生产率提出了越来越高的要求。在航空航天、造船、军工和计算机等工业中,零件的精度高、形状复杂、批量小、经常改动、加工困难、生产效率低、劳动强度大,质量难以保证。机械加工工艺过程的自动化和智能化是适应上述发展特点的最重要手段。为解决上述问题,一种灵活、通用、高精度、高效率的"柔性"自动化生产设备——数控机床应运而生。

1.1.1　数控机床发展简史

数控机床就是将加工过程所需的各种操作(如主轴变速,松夹工件,进刀和退刀,开车与停车,自动开停冷却液等)和步骤以及工件的形状尺寸用数字化的代码表示,通过介质(如穿孔纸带或磁盘等)将数字信息送入数控装置,数控装置对输入的信息进行处理与运算,发出各种控制信号,控制机床的伺服系统或其他驱动元件,使机床自动加工出所需的工件。数控机床的诞生和发展,有效地解决了一系列生产上的矛盾,为单件、小批量精密复杂零件的加工提供了自动化加工手段。

1952年3月,美国帕森斯公司和麻省理工学院合作研制成功世界上第一台三坐标数控铣床,可作直线插补,用于火箭零件的制造。在此之后,其他一些国家,如德国、英国和日本都相继开发、生产及使用数控机床。

1960年以后,点位控制的数控机床得到了迅速发展。点位控制的数控系统比轮廓控制的数控系统简单得多。因此,数控钻床、数控冲床、数控镗床得到了发展。

1959年,美国Keaney&Treckre公司开发成功了具有刀库、刀具交换装置、回转工作台的数控机床,可以在一次装夹中对工件的多个面进行多工序加工,如进行钻孔、铰孔、攻螺纹、镗削、平面铣削等加工。至此,数控机床的新一代类型——加工中心(Machine Center)诞生了,并成为当今数控机床发展的主流。

1974年,微处理器直接应用于数控机床,进一步促进了数控机床的普及应用和发展。

20世纪80年代初,出现了以1台(或2~3台)加工中心或车削中心为主体,配上工件自动装卸和监控检验装置的所谓柔性制造单元(Flexible Manufacturing Cell,FMC)。FMC可以集成到柔性制造系统(Flexible Manufacturing System,FMS)或更高级的集成制造系统中使用。当前,FMS正从切削加工向板材冷加工、焊接、装配等领域扩展。FMC和FMS是实现计算机集成制造系统(Computer Integrated Manufacturing System,CIMS)的基础。

现代数控系统是采用微处理器或专用微机的数控系统,由事先存放在存储器里的系统程序(软件)来实现控制逻辑,实现部分或全部数控功能,并通过接口与外围设备进行联结,称为计算机控制(Computer Numerical Control,CNC)系统,这样的机床一般称为 CNC 机床。

总之,数控机床是数字控制技术与机床相结合的产物,从狭义的方面看,数控一词就是"数控机床"的代名词;从广义的范围来看,数控技术本身在其他行业中有更广泛的应用,称为广义数字控制。数控机床就是将加工过程的各种机床动作,用数字化的代码表示,通过某种载体将信息输入数控系统,控制计算机对输入的数据进行处理,来控制机床的伺服系统或其他执行元件,使机床加工出所需要的工件,其过程如图 1-1-1 所示。

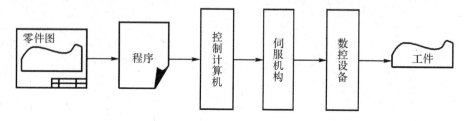

图 1-1-1   数控加工流程

1.1.2 数控机床的发展趋势

目前,世界各工业发达国家都把机械加工设备的数控化率作为衡量一个国家工业化水平的重要标志,竞相发展数控技术。许多国家通过制定特殊的产业政策,从产业组织结构、设备折旧制度、技术攻关和人才培训等方面引导数控技术的发展。近年来,数控机床的发展特点表现在以下几个方面。

(1)数控系统的硬件走向通用化、模块化和标准化

美国近年来正在开发的 NGC(Next Generation Controllers,下一代控制器)数控系统是个开放式系统,其基本模块做成通用的、标准的、系列化的产品。数控系统的开发人员可在NGC 标准规范指导下,采用不同厂家的软、硬件模块,组成不同档次的数控系统,以适应各类机床的 CNC 系统。

(2)利用计算机的软件资源提高数控系统的性能

随着微型计算机的广泛应用,大量的应用软件极大地丰富了以通用微机为基础的系统控制功能,一些新技术(如多媒体技术、容错技术、模糊控制技术、人工智能技术等)逐渐被新一代数控系统采用,主要有:

①人工智能图形会话编程,可进行特征造型和工艺数据库基础上的自动编程;

②引入故障诊断专家系统,实现完善的自诊断和故障监控功能;

③完善的误差补偿功能,包括空间几何误差补偿、零点误差补偿、夹具位置误差补偿;

④刀具寿命管理及刀具破损综合检测功能等。

(3)新一代伺服驱动装置上大量采用新技术

①智能化交流伺服驱动装置。

②无刷直流伺服电机及驱动系统。

③双励磁绕组同步电机及其控制装置,这种电机的矢量控制调速系统比交流电机的调速系统简单得多,其动、静态特性也优于交流调速系统。

1.2　数控机床的构成

现代计算机数控机床由程序、输入输出装置、计算机数控装置、可编程控制器、主轴控制单元及速度控制单元等部分组成,如图 1-1-2。

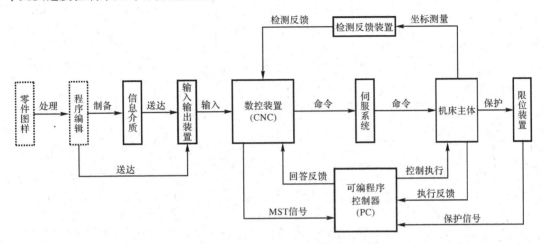

图 1-1-2　数控机床的组成

在数控机床上加工零件时,首先根据零件图纸上的零件形状、尺寸和技术要求,确定加工工艺,然后编制出加工程序。程序必须存储在某种介质上,如纸带、磁带或磁盘等。

1.2.1　输入输出装置

存储介质上记载的加工信息需要输入装置输送给机床数控系统,机床内存中的零件加工程序可以通过输出装置传送到存储介质上。输入、输出装置是机床与外部设备的接口,目前输入输出装置主要有纸带阅读机、软盘驱动器、RS232C 串行通信口、MDI 方式等。

1.2.2　数控装置

数控装置是数控机床的核心,它接受输入输出装置送到的数字化信息,经过数控装置的控制软件和逻辑电路进行译码、运算和逻辑处理后,将各种指令输出给伺服系统,使设备按规定的动作执行。

数控装置一般有专用数控装置和通用数控装置两种类型。

专用数控装置:专用数控装置简称 NC 数控装置,它是根据零件加工功能的要求,采用专用硬接线逻辑电路的方法构成的控制装置。

通用数控装置:通用数控装置简称 CNC 数控装置,它是由一台小型或微型计算机作为控制硬件,再配以适当的接口电路构成的数控装置。将预先设计调试好的控制软件存入计算机内,以实现数控机床的控制逻辑和各种控制功能,只要改变控制软件就可改变控制功能。因此这种数控装置的灵活性和通用性很强,现代数控系统大都采用这种数控装置。

1.2.3　伺服系统

伺服系统包括伺服驱动电机、伺服驱动元件和执行机构等,它是数控系统的执行部分。它的作用是把来自数控装置的脉冲信号转换成机床移动部件的运动。每一个脉冲信号使机床移动部件的位移量叫作脉冲当量(也叫最小设定单位)。常用的脉冲当量为0.001mm/脉冲。每个进给运动的执行部件都有相应的伺服驱动系统,整个机床的性能主要取决于伺服系统。常用伺服驱动元件有步进电机、直流伺服电机、交流伺服电机、电液伺服电机等。

1.2.4 检测反馈系统

检测反馈装置的作用对机床的实际运动速度、方向、位移量以及加工状态加以检测,把检测结果转化为电信号反馈给数控装置,通过比较,计算出实际位置与指令位置之间的偏差,并发出纠正误差指令。测量反馈系统可分为半闭环和闭环两种系统。半闭环系统中,位置检测主要使用感应同步器、磁栅、光栅、激光测距仪等。

1.2.5 机床主体

机床主体是加工运动的实际机械部件,主要包括:主运动部件,进给运动部件(如工作台、刀架),支承部件(如床身、立柱等),冷却、润滑、转位部件,夹紧、换刀机械手等辅助装置。

1.3　数控机床的工作原理

在数控机床上,工件加工的全过程是由数字指令控制的,在加工前要用指定的数字代码按照工件图样编制出程序,制成控制介质,输入到数控机床中,使之按指令自动加工工件,如图1-1-3。

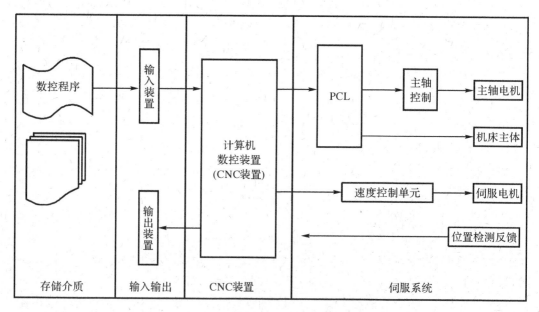

图1-1-3　数控机床的工作原理

在数控机床上加工零件经过以下步骤:

1.3.1 准备阶段

根据加工零件的图纸,确定有关加工数据(刀具轨迹坐标点、加工的切削用量、刀具尺寸信息等),根据工艺方案、夹具选用、刀具类型选择等确定有关其他辅助信息。

1.3.2 编程阶段

根据加工工艺信息,用机床数控系统能识别的语言编写数控加工程序,并填写程序单,程序就是对加工工艺过程的描述。

1.3.3 准备信息载体

根据已编好的程序单,将程序存放在信息载体(穿孔带、磁带、磁盘等)上,信息载体上存储着加工零件所需要的全部信息。目前,随着计算机网络技术的发展,可直接由计算机通过网络与机床数控系统通信。

1.3.4 加工阶段

当执行程序时,机床 CNC 系统将程序译码、寄存和运算,向机床伺服机构发出运动指令,以驱动机床的各运动部件,自动完成对工件的加工。

1.4　数控机床的加工特点

1.4.1 加工精度高、加工质量稳定

数控机床的机械传动系统和机构都有较高的精度、刚度和热稳定性;数控机床的加工精度不受零件复杂程度的影响,零件的加工精度和质量由机床保证,完全消除了操作者的人为误差。所以数控机床的加工精度高,加工误差一般能控制在 0.005～0.01mm 之内,而且同一批零件的加工一致性好,加工质量稳定。

1.4.2 加工生产效率高

数控机床结构刚性好、功率大、能自动进行切削加工,所以能选择较大的、合理的切削用量,并自动连续完成整个切削加工过程,能大大缩短机动时间。目前数控机床最高进给速度可达到 100m/min 以上。一般来说,数控机床的生产能力约为普通机床的 3 倍,甚至更高。数控机床的时间利用率高达 90%,而普通机床仅为 30%～50%。

1.4.3 减轻劳动强度,改善劳动条件

数控机床的加工,除了装卸零件、操作键盘、观察机床运行外,其他的机床动作都是按加工程序要求自动连续地进行切削加工,操作者不需进行繁重的重复手工操作。所以能减轻工人劳动强度,改善劳动条件。

1.4.4 对零件加工的适应性强、灵活性好

数控机床能实现几个坐标联动,加工程序可按对加工零件的要求而变换,所以它的适应性和灵活性很强,可以加工普通机床无法加工的形状复杂的零件。

1.4.5 有利于生产管理

数控机床加工,能准确地计算零件的加工工时,并有效地简化刀、夹、量具和半成品的管理工作。加工程序是用数字信息的标准代码输入的,有利于与计算机联结,构成由计算机来控制和管理的生产系统。

具体如表 1-1-1 所示。

表 1-1-1　数控机床与普通机床的比较

数 控 机 床	普 通 机 床
1. 操作者可在比较短的时间内掌握操作和加工技能	1. 要求操作者有长期的实践经验
2. 加工精度高,质量稳定,较少依赖操作者的技能水平	2. 高质量、高精度的加工要求操作者具有高的技能水平
3. 编制程序花费较多时间	3. 适合加工形状简单、单一工序的产品
4. 加工零件复杂程度高,适合多工序加工	4. 加工过程要求具有直觉和技巧
5. 易于加工工艺标准化和刀具管理规范化	5. 操作者以自己的方式完成加工,加工方式多样,很难实现标准化
6. 适于长时间无人操作和加工自动化	6. 是实现自动化加工的准备环节必不可少的,如材料的预处理及夹具的制作等
7. 适于计算机辅助生产控制	7. 很难提高加工的专门技术,不利于知识系统化和普及
8. 生产率高	8. 生产率低,质量不稳定

1.5　数控机床的分类

数控机床品种繁多,根据数控机床的功能和组成,从如下不同角度进行分类。

1.5.1 按控制运动的方式分类

1.5.1.1 点位控制数控机床

点位控制数控机床的数控装置控制刀具从某一位置向另一目标点位置移动,对两点间的移动速度和运动轨迹没有严格要求但最终能准确到达目标点位置的控制方式。点位控制的数控机床,刀具在移动过程中不进行加工,而是做快速空行程定位运动,如图 1-1-4 所示。

采用点位控制的有数控钻床、数控坐标镗床、数控冲床等。

1.5.1.2 直线控制数控机车床

这类机床不仅要控制点的准确定位,而且要求刀具(或工作台)以一定的速度沿与坐标轴平行的方向进行切削加工,如图 1-1-5 所示。

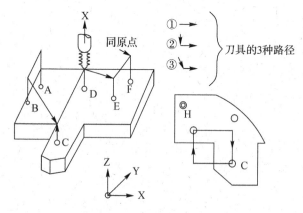

图 1-1-4　点位控制系统

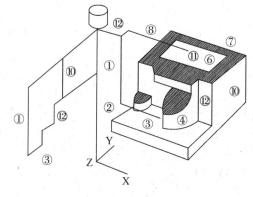

图 1-1-5　直线控制系统

采用直线控制的有简易数控车床、数控镗床等。

1.5.1.3 连续控制数控机床

连续控制系统又称轮廓控制系统,该系统对刀具相对于零件的运动轨迹进行连续控制,以加工任意斜率的直线、圆弧、抛物线或其他函数关系的曲线。

这类机床能够对两个或两个以上运动坐标的位移及速度进行连续相关的控制,使合成的平面或空间的运动轨迹能满足零件轮廓的要求,如图 1-1-6 所示。

该类机床有数控铣床、数控磨床、加工中心等。

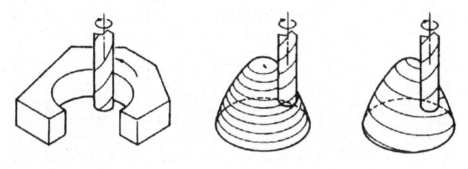

图 1-1-6　轮廓控制系统

1.5.2 按伺服系统分类

1.5.2.1 开环控制系统

开环控制系统是指不带反馈的控制系统,即系统没有位置反馈元件,通常用步进电机或电液伺服电机作为执行机构。输入的数据经过数控系统的运算,发出指令脉冲,通过环行分配器和驱动电路,使步进电机或电液伺服电机转过一个步距角。再经过减速齿轮带动丝杠旋转,最后转换为工作台的直线移动,如图 1-1-7 所示。

在开环控制中,机床没有检测和反馈装置,数控装置发出的信号是单向的。同时它不能纠正伺服系统的误差,所以这类机床的加工精度不高。但是这类系统结构简单、调试方便、工作可靠、稳定性好、价格低廉,因此被广泛用于精度要求不太高的经济型数控机床上。

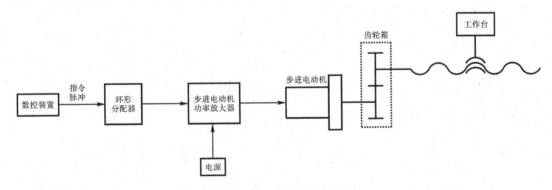

图 1-1-7　开环控制系统

1.5.2.2 闭环控制系统

闭环控制系统的工作原理是当数控装置发出位移指令脉冲,经电机和机械传动装置使机床工作台移动时,安装在工作台上的位置检测器就把机械位移变成电能量,反馈到输入端与输出信号比较,得到的差值经过放大和变换,最后驱动工作台向减少误差的方向移动,如图 1-1-8 所示。

与开环不同的是,闭环控制增加了比较电路和反馈装置,闭环可以消除伺服机构中出现的误差,从而提高机构精度。因此,在数控机床上得到了广泛的应用,特别是在精度要求高的大型和精密机床上应用十分广泛。这类机床的特点是精度高、速度快,但是调试和维护比较复杂,价格较贵,系统稳定性是这类机床的主要问题。

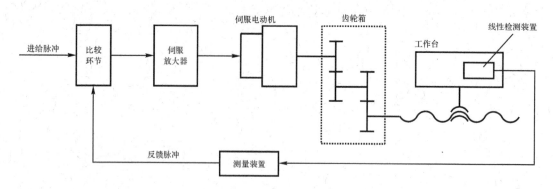

图 1-1-8　闭环控制系统

1.5.2.3 半闭环控制系统

半闭环控制系统是在开环系统的丝杠上装有角位移测量装置(如感应同步器和光电编码器等),通过检测丝杠转角间接检测移动部件的位移,然后反馈到数控系统中,由于惯性较大的机床移动部件不包括在检测范围之内,因而称作半闭环控制系统,如图 1-1-9 所示。

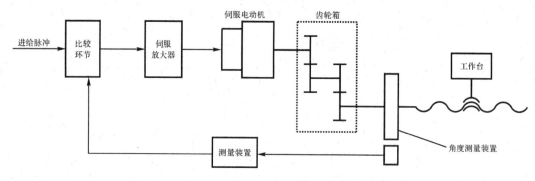

图 1-1-9　半闭环控制系统

这类系统的加工精度低于闭环控制系统,但其调试较容易,稳定性也好,在生产中应用得相当普遍。

1.5.3 按工艺用途分类

数控机床是在普通机床的基础上发展起来的,各种类型的数控机床基本上起源于同类型的普通机床,按工艺用途分可以大致如下:

(1)数控车床(NC Lathe);

(2)数控铣床(NC Milling Machine);

(3)加工中心(Machine Center);

(4)数控钻床(NC Drilling Machine);

(5)数控镗床(NC Boring Machine);

(6)数控齿轮加工机床(NC Gear Holling Machine);

(7)数控平面磨床(NC Surface Grinding Machine);

(8)数控外圆磨床(NC External Cylindrical Machine);

(9)数控轮廓磨床(NC Contour Grinding Machine);

(10)数控工具磨床(NC Tool Grinding Machine);

(11)数控坐标磨床(NC Jip Grinding Machine);

(12)数控电火花加工机床(NC Diesinking Electric Discharge Machine);

(13)数控线切割机床(NC Wire Electric Discharge Machine);

(14)数控激光加工机床(NC Laser Beam Machine);

(15)数控冲床(NC Punching Press);

(16)数控超声波加工机床(NC Ultrasonic Machine);

(17)其他(如三坐标测量仪等)。

其中,加工中心、数控激光加工机床等新型加工设备的出现,与传统的普通机床有明显差别,带来一些新特点。随着数控技术的发展,数控机床在多功能、高精度、良好的加工能力方面会有较大的发展,同时带来了数控机床种类的更新与多样化。

1.5.4 按数控装置的功能水平分类

低档数控机床:又称经济型数控机床,一般由单板机与步进电机组成,功能简单,价格低。其技术指标常为:脉冲当量 0.01～0.005mm,快进速度 4～10m/min,开环步进电动机驱动,用数码管或简单 CRT 显示,主 CPU 一般为 8 位或 16 位。

中档数控机床:其技术指标常为:脉冲当量 0.005～0.001mm,快进速度 15～24m/min,伺服系统为半闭直流或交流伺服系统,有较齐全的 CRT 显示,可显示字符和图形,人机对话,自诊断等,主 CPU 一般为 16 位或 32 位。

高档数控机床:其技术指标通常为:脉冲当量 0.001～0.0001mm,快进速度 24～100m/min,伺服系统为闭环的直流或系统伺服系统,CRT 显示除具备中档的功能外,还是有三维图形显示等,主 CPU 一般为 32 位或 64 位。

1.5.5 数控机床的型号编制

1.5.5.1 以机床的通用特性代号表示

根据 GB/T 15375—2008,金属切削机床型号编制方法的规定,在类代号之后加字母 K、H 表示。其中 K 表示数控(读控),H 表示加工中心(自动换刀读换)。CK6130 表示数控车床,XK5025 表示数控铣床,XH714 表示铣削类加工中心,CJK6153 表示经济型数控车床。

1.5.5.2 英文的含义表示

以英文字母的缩写表示,如 VMC40 表示立式加工中心。VMC 为立式加工中心的英文缩写。FMC-1000 表示柔性制造单元。

1.5.5.3 以企业名称的拼音字母表示

如 ZK400 表示镇江机床厂生产的数控机床,ZHS-K63 表示大连组合机床研究所生产的数控机床。

1.5.6 数控机床上用的常用数控系统简介

1.5.6.1 日本 FANUC 系统

FANUC 系统是最成功的 CNC 系统之一,具有高可靠性及完整的质量控制体系,故障率低,操作简便,易于故障诊断和维修,在我国市场的占有率是最高的。FANUC 现有 OD 系列、OC 系列、Power mate 系列、Oi 系列。其中 O-TD 用于车床,O-MD 用于铣床及小型加工中心。如果仅仅是用于一般的数控车床,订购 O-TD 系统较为合理,如果增加一些特殊功能,那么就要选择 O-TC 或更高一级的系统。如果用在配置低档的数控车床上,选择 Power mate O 较为经济。

1.5.6.2 德国 SIEMENS 系统

SIEMENS 是欧洲生产数控系统的主要厂家,目前推出的控制系统主要是 840D、810D、840C、802S、802C、802D 等。SIEMENS 系统采用模块化结构设计,经济性好,具有优良的使用性,并有与上一级计算机通信的功能,易于进入柔性制造系统,编程简单,操作方便。

1.5.6.3 法国 NUM 系统

该系统主要有 1020、1040、1050、1060 系列,NUM 系统考虑到数控系统和外部的联系方便,把与外界联系的所有功能模块做成可插接的小模块,便于用户将来的维护,具体分为轴模块、光纤处理模块、内存模块、电源模块等等。

1.5.6.4 美国 Allen-Bradley 系统(简称 A-B 系统)

该系统主要有 8200、8400 系列。A-B 系统采用模块化结构,扩展性好,备有特殊的服务软件,可调整机车参数,带有内装的 PLC。

1.5.6.5 其他系统

目前国内所用的进口系统还有日本的三菱系统、西班牙的 FAGOR 系统等。国内系统主要有北京数控设备厂(BESK)的 BS 系统、沈阳系统、广州系统、华中系统及辽宁精密仪器厂的 LJ 系统。

第二章　数控铣床操作指南

　　尽管数控机床的种类多种多样,其所使用的数控系统种类繁多,其操作面板的形状、操作键的位置不一样,操作方法也各不相同。在学习数控机床操作时,应认真了解厂家提供的操作手册,了解有关操作规定,以便熟练掌握相应的数控机床操作。

2.1　数控机床的组成

2.1.1　数控系统的主要组成

数控机床主要由计算机数控系统和机床主体两部分组成。而数控系统主要包括:

(1)输入/输出设备;

(2)CNC数控装置;

(3)伺服单元;

(4)驱动装置;

(5)可编程控制器(PLC)等。

2.1.2　V75立式数控铣床操作

(1)HNC-21M数控系统的操作面板如图1-2-1所示。

(2)HNC-21M数控系统软件操作界面如图1-2-2所示,其界面由如下几个部分组成。

①显示窗口:可以根据需要,用功能键F9设置窗口的显示内容。

②倍率修调

* 主轴修调:当前主轴修调倍率。
* 进给修调:当前进给修调倍率。
* 快速修调:当前快进修调倍率。

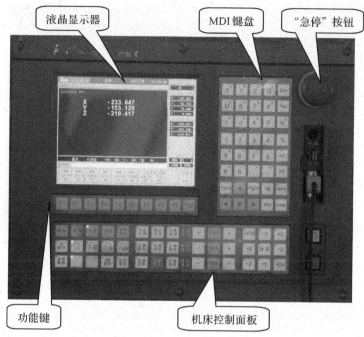

图 1-2-1 HNC-21M 数控系统操作面板

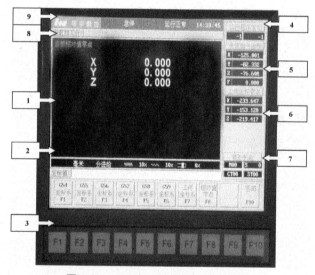

图 1-2-2 HNC-21M 的软件操作界面

③菜单命令条

通过菜单命令条中的功能键 F1~F10 来完成系统功能的操作。

④运行程序索引

自动加工中的程序名和当前程序段行号。

⑤选定坐标系下的坐标值

- 坐标系可在机床坐标系/工件坐标系/相对坐标系之间切换。

- 显示值可在指令位置/实际位置/剩余进给/跟踪误差/负载电流/补偿值之间切换

（负载电流只对 HSV-11 型伺服有效）。

　　⑥工件坐标零点

　　工件坐标系零点在机床坐标系下的坐标。

　　⑦辅助机能

　　自动加工中的 MST 代码。

　　⑧当前加工程序行

　　当前正在或将要加工的程序段。

　　⑨当前加工方式、系统运行状态及当前时间。

　　• 工作方式：系统工作方式根据机床控制面板上相应按键的状态可在自动（运行）、单段（运行）、手动（运行）、增量（运行）、回零、急停、复位等之间切换。

　　• 运行状态：系统工作状态在"运行正常"和"出错"间切换。

　　• 系统时钟：当前系统时间。

2.2　数控系统的基本操作

2.2.1 HNC-21M 数控系统功能菜单结构

　　操作界面中最重要的一块是菜单命令条。系统功能的操作主要通过菜单命令条中的功能键 F1～F10 来完成。由于每个功能包括不同的操作，菜单采用层次结构，即在主菜单下选择一个菜单项后，数控装置会显示该功能下的子菜单，用户可根据子菜单的内容选择所需的操作，如图 1-2-3 所示：

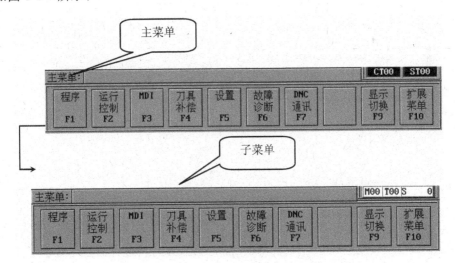

图 1-2-3　菜单层次

　　当要返回主菜单时，按下子菜单下的返回键（F10 键）即可。

　　主菜单和扩展菜单如图 1-2-4、1-2-5 所示。

图 1-2-4　主菜单

图 1-2-5　扩展菜单

HNC-21/22M 的主要功能菜单结构如图 1-2-6 所示。

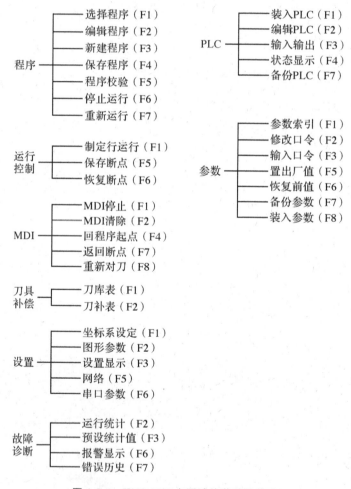

图 1-2-6　HNC-21M 主要功能菜单结构表

2.2.2 数控铣床操作步骤

(1)启动系统,如图 1-2-7 所示:

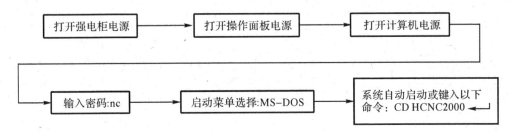

图 1-2-7 系统启动

(2)系统界面操作

• 输入加工程序,如图 1-2-8 所示:

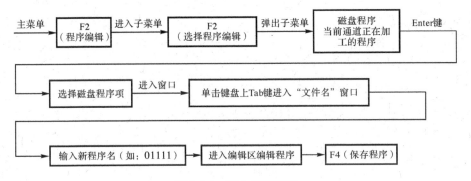

图 1-2-8 输入加工程序

• 加工程序及轨迹校验,如图 1-2-9 所示:

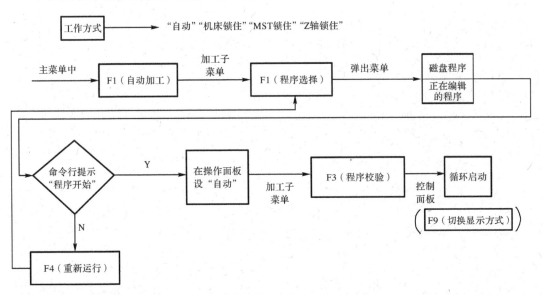

图 1-2-9 加工程序及轨迹校验

• 加工操作,如图 1-2-10 所示:

指导老师检查程序 → 取消"机床锁住" → 对刀 → 循环启动 → 观察加工过程

图 1-2-10　加工操作

• 对刀找正

工件装夹后,必须正确地找出工件的坐标,输入给机床控制系统,这样工件才能与机床建立起运动关系。测定工件坐标系的坐标值,就是程序中给出编程原点(即 G54～G59)。

编程原点的确定可以通过辅助工具(寻边器、百分表等)来找出工件的原点。常见的寻边器有机械式、电子接触式。下面介绍几种常见的寻找程序原点的方法。

2.2.2.1 XY 平面找正

(1)使用百分表寻找程序原点

使用百分表寻找程序原点只适合几何形状为回转体的工件,通过百分表找正使得主轴轴心线与工件轴心线同轴,如图 1-2-11 所示。

找正方法:

①在找正之前,先用手动方式把主轴降到工件上表面附近,大致使主轴轴心线与工件轴心线同轴,再抬起主轴到一定的高度,把磁力表座吸附在主轴端面,安装好百分表头,使表头与工件圆柱表面垂直,如图 1-2-11(a)所示。

②找正时,可先对 X 轴或 Y 轴进行单独找正。若先对 X 轴找正,则规定 Y 轴不动,调整工件在 X 方向的坐标。通过旋转主轴使得百分表绕着工件在 X1 与 X2 点之间做旋转运动,通过反复调整工作台 X 方向的运动,使得百分表指针在 X1 点的位置与 X2 点相同,说明 X 轴的找正完毕,如图 1-2-11(b)所示。同理,进行 Y 轴的找正。

③记录"POS"屏幕中的机床坐标值中 X、Y 坐标值,即为工件坐标系(G54)X、Y 坐标值。输入相应的工作偏置坐标系。

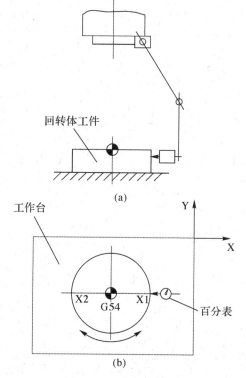

回转体工件

(a)

工作台

Y

X

X2　G54　X1

百分表

(b)

图 1-2-11　百分表找正

(2)使用离心式寻边器进行找正

当零件的几何形状为矩形或回转体,可采用离心式寻边器来进行程序原点的找正。

找正方法:

①在半自动(MDI)模式下输入以下程序。

S600M03;

②运行该程序,使寻边器旋转起来,转数为 600r/min(注寻边器转数一般为 600~660 r/min);

③进入手动模式,把屏幕切换到机械坐标显示状态;

④找 X 轴坐标。找正方法如图 1-2-12 所示,但应注意以下几点。

- 主轴转速在 600~660r/min。
- 寻边器接触工件时机床的手动进给倍率应由快到慢。
- 此寻边器不能找正 Z 坐标原点;

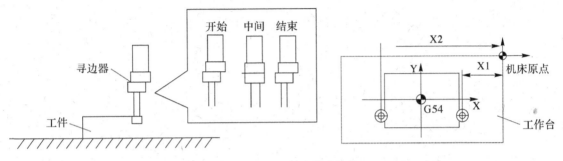

图 1-2-12　离心式寻边器进行找正

⑤记录 X1 和 X2 的机械位置坐标,并求出 X＝(X1＋X2)/2,输入相应的工作偏置坐标系。

⑥找 Y 轴坐标。方法与 X 轴找正一致。

2.2.2.2 Z 坐标找正

对于 Z 轴的找正,一般采用对刀块规来进行刀具 Z 坐标值的测量。

找正方法:

①进入手动模式,把屏幕切换到机床坐标显示状态;

②在工件上放置一 50mm 或 100mm 对刀块规,然后使用对刀块规去与刀具端面或刀尖进行试塞。通过主轴 Z 向的反复调整,使得对刀块规与刀具端面或刀尖接触,即 Z 方向程序原点找正完毕。注:在主轴 Z 向移动时,应避免对刀块规在刀具的正下方,以免刀具与对刀块规发生碰撞;

③记录机床坐标系中的 Z 坐标值,把该值输入相应的工作偏置中的 Z 坐标,如 G54 中的 Z 坐标值,如图 1-2-13 所示。

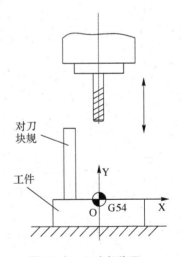

图 1-2-13　Z 坐标找正

第三章 数控机床加工程序编制基础

数控机床是一种高效的自动化加工设备,它严格按照加工程序,自动地加工被加工工件。我们把从数控系统外部输入的直接用于加工的程序称为数控加工程序,简称为数控程序,它是机床数控系统的应用软件。与数控系统应用软件相对应的是数控系统内部的系统软件,系统软件是用于数控系统工作控制的,它不在本教材的讲述范围内。

数控系统的种类繁多,它们使用的数控程序语言规则和格式也不尽相同,本教材以 ISO 国际标准为主来介绍加工程序的编制方法。当针对某一台数控机床编制加工程序时,应该严格按机床编程手册中的规定进行程序编制。

3.1 数控程序编制的概念

在编制数控加工程序前,应首先了解:数控程序编制的主要工作内容、程序编制的工作步骤、每一步应遵循的工作原则等,最终才能获得满足要求的数控程序,如图 3-1 所示的程序样本。

```
%
O0000
(PROGRAM NAME-HY10)
(DATE=DO-MM-YY-27-02-02 TIME=HH:MM—12:50)
((UNDEFINE)TOOL-1 DIA . OFF . -41 LEN .-1 DIA .-10.)
N100 G21;
N102 G40G49G80G90;
N104 T01M06;
N106 G00G90G54X-19.305Y-15.612;
N108 M03;
N110 G43H01Z60.0M08;
N112 Z34.8;
N114 G01Z29.8F2.0;
N116 X19.305;
N118 G00Z50.0;
N120 X24.248Y-5.2;
………
```

图 1-3-1 程序样本

3.1.1 数控程序编制的定义

编制数控加工程序是使用数控机床的一项重要技术工作,理想的数控程序不仅应该保证加工出符合零件图样要求的合格零件,还应该使数控机床的功能得到合理的应用与充分的发挥,使数控机床能安全、可靠、高效地工作。

3.1.1.1 数控程序编制的内容及步骤

数控编程是指从零件图纸到获得数控加工程序的全部工作过程。如图 1-3-2 所示,编程工作主要包括:

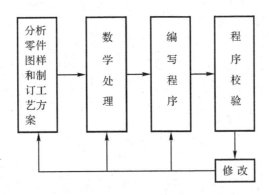

图 1-3-2　数控程序编制的内容及步骤

（1）分析零件图样和制订工艺方案

这项工作的内容包括：对零件图样进行分析，明确加工的内容和要求；确定加工方案；选择适合的数控机床；选择或设计刀具和夹具；确定合理的走刀路线及选择合理的切削用量等。这一工作要求编程人员能够对零件图样的技术特性、几何形状、尺寸及工艺要求进行分析，并结合数控机床使用的基础知识，如数控机床的规格、性能、数控系统的功能等，确定加工方法和加工路线。

（2）数学处理

在确定了工艺方案后，就需要根据零件的几何尺寸、加工路线等，计算刀具中心运动轨迹，以获得刀位数据。数控系统一般均具有直线插补与圆弧插补功能，对于加工由圆弧和直线组成的较简单的平面零件，只需要计算出零件轮廓上相邻几何元素交点或切点的坐标值，得出各几何元素的起点、终点、圆弧的圆心坐标值等，就能满足编程要求。当零件的几何形状与控制系统的插补功能不一致时，就需要进行较复杂的数值计算，一般需要使用计算机辅助计算，否则难以完成。

（3）编写程序

在完成上述工艺处理及数值计算工作后，即可编写零件加工程序。程序编制人员使用数控系统的程序指令，按照规定的程序格式，逐段编写加工程序。程序编制人员应对数控机床的功能、程序指令及代码十分熟悉，才能编写出正确的加工程序。

（4）程序检验

将编写好的加工程序输入数控系统，就可控制数控机床的加工工作。一般在正式加工之前，要对程序进行检验。通常可采用机床空运转的方式，来检查机床动作和运动轨迹的正确性，以检验程序。在具有图形模拟显示功能的数控机床上，可通过显示走刀轨迹或模拟刀具对工件的切削过程，对程序进行检查。对于形状复杂和要求高的零件，也可采用铝件、塑料或石蜡等易切材料进行试切来检验程序。通过检查试件，不仅可确认程序是否正确，还可知道加工精度是否符合要求。若能采用与被加工零件材料相同的材料进行试切，则更能反映实际加工效果，当发现加工的零件不符合加工技术要求时，可修改程序或采取尺寸补偿等措施。

3.1.1.2　数控程序编制的方法

数控加工程序的编制方法主要有两种：手工编制程序和自动编制程序。

(1)手工编程

手工编程指主要由人工来完成数控编程中各个阶段的工作。如图1-3-3所示。

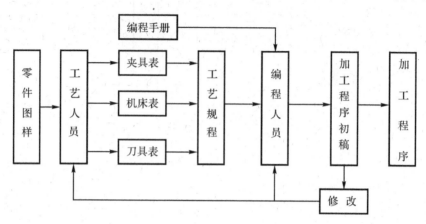

图 1-3-3 手工编程

一般对几何形状不太复杂的零件,所需的加工程序不长,计算比较简单,用手工编程比较合适。

手工编程的特点:耗费时间较长,容易出现错误,无法胜任复杂形状零件的编程。据国外资料统计,当采用手工编程时,一段程序的编写时间与其在机床上运行加工的实际时间之比,平均约为 30:1,而数控机床不能开动的原因中有 20%~30% 是由于加工程序编制困难,编程时间较长。

(2)自动编程

自动编程是指在编程过程中,除了分析零件图样和制定工艺方案由人工进行外,其余工作均由计算机辅助完成。

采用计算机自动编程时,数学处理、编写程序、检验程序等工作是由计算机自动完成的,由于计算机可自动绘制出刀具中心运动轨迹,使编程人员可及时检查程序是否正确,需要时可及时修改,以获得正确的程序。又由于计算机自动编程代替程序编制人员完成了烦琐的数值计算,可提高编程效率几十倍乃至上百倍,因此解决了手工编程无法解决的许多复杂零件的编程难题。因而,自动编程的特点就在于编程工作效率高,可解决复杂形状零件的编程难题。

根据输入方式的不同,可将自动编程分为图形数控自动编程、语言数控自动编程和语音数控自动编程等。图形数控自动编程是指将零件的图形信息直接输入计算机,通过自动编程软件的处理,得到数控加工程序。目前,图形数控自动编程是使用最为广泛的自动编程方式。语言数控自动编程指将加工零件的几何尺寸、工艺要求、切削参数及辅助信息等用数控语言编写成源程序后,输入到计算机中,再由计算机进一步处理得到零件加工程序。语音数控自动编程是采用语音识别器,将编程人员发出的加工指令声音转变为加工程序。

3.1.2 字符与字的功能

3.1.2.1 字符与代码

字符是用来组织、控制或表示数据的一些符号,如数字、字母、标点符号、数学运算符等。

数控系统只能接受二进制信息,所以必须把字符转换成 8BIT 信息组合成的字节,用"0"和"1"组合的代码来表达。国际上广泛采用两种标准代码:ISO 国际标准化组织标准代码和 EIA 美国电子工业协会标准代码。

这两种标准代码的编码方法不同,在大多数现代数控机床上这两种代码都可以使用,只需用系统控制面板上的开关来选择,或用 G 功能指令来选择。

3.1.2.2 字

在数控加工程序中,字是指一系列按规定排列的字符,作为一个信息单元存储、传递和操作。字是由一个英文字母与随后的若干位阿拉伯数字组成,这个英文字母称为地址符。

如:"X2500"是一个字,X 为地址符,数字"2500"为地址中的内容。

3.1.2.3 字的功能

组成程序段的每一个字都有其特定的功能含义,以下是以 FANUC-0M 数控系统的规范为主来介绍的,实际工作中,请遵照机床数控系统说明书来使用各个功能字。

(1)顺序号字 N

顺序号又称程序段号或程序段序号。顺序号位于程序段之首,由顺序号字 N 和后续数字组成。顺序号字 N 是地址符,后续数字一般为 1~4 位的正整数。数控加工中的顺序号实际上是程序段的名称,与程序执行的先后次序无关。数控系统不是按顺序号的次序来执行程序,而是按照程序段编写时的排列顺序逐段执行。

顺序号的作用:对程序的校对和检索修改;作为条件转向的目标,即作为转向目的的程序段的名称。有顺序号的程序段可以进行复归操作,这是指加工可以从程序的中间开始,或回到程序中断处开始。

一般使用方法:编程时将第一程序段冠以 N10,以后以间隔 10 递增的方法设置顺序号,这样,在调试程序时,如果需要在 N10 和 N20 之间插入程序段时,就可以使用 N11、N12 等。

(2)准备功能字 G

准备功能字的地址符是 G,又称为 G 功能或 G 指令,是用于建立机床或控制系统工作方式的一种指令。后续数字一般为 1~3 位正整数,如表 1-3-1 所示。

表 1-3-1 G 功能字含义表

G 功能字	FANUC 系统	SIEMENS 系统
G00	快速移动点定位	快速移动点定位
G01	直线插补	直线插补
G02	顺时针圆弧插补	顺时针圆弧插补
G03	逆时针圆弧插补	逆时针圆弧插补
G04	暂停	暂停
G05	—	通过中间点圆弧插补
G17	XY 平面选择	XY 平面选择

G 功能字	FANUC 系统	SIEMENS 系统
G18	ZX 平面选择	ZX 平面选择
G19	YZ 平面选择	YZ 平面选择
G32	螺纹切削	—
G33	—	恒螺距螺纹切削
G40	刀具补偿注销	刀具补偿注销
G41	刀具补偿——左	刀具补偿——左
G42	刀具补偿——右	刀具补偿——右
G43	刀具长度补偿——正	—
G44	刀具长度补偿——负	—
G49	刀具长度补偿注销	—
G50	主轴最高转速限制	
G54~G59	加工坐标系设定	零点偏置
G65	用户宏指令	
G70	精加工循环	英制
G71	外圆粗切循环	米制
G72	端面粗切循环	—
G73	封闭切削循环	
G74	深孔钻循环	
G75	外径切槽循环	
G76	复合螺纹切削循环	
G80	撤销固定循环	撤销固定循环
G81	定点钻孔循环	固定循环
G90	绝对值编程	绝对尺寸
G91	增量值编程	增量尺寸
G92	螺纹切削循环	主轴转速极限
G94	每分钟进给量	直线进给率
G95	每转进给量	旋转进给率
G96	恒线速控制	恒线速度
G97	恒线速取消	注销 G96
G98	返回起始平面	—
G99	返回 R 平面	—

（3）尺寸字

尺寸字用于确定机床上刀具运动终点的坐标位置。

其中，第一组 X、Y、Z、U、V、W、P、Q、R 用于确定终点的直线坐标尺寸；第二组 A、B、C、D、E 用于确定终点的角度坐标尺寸；第三组 I、J、K 用于确定圆弧轮廓的圆心坐标尺寸。在一些数控系统中，还可以用 P 指令暂停时间、用 R 指令圆弧的半径等。

多数数控系统可以用准备功能字来选择坐标尺寸的制式，如 FANUC 诸系统可用 G21/G22 来选择米制单位或英制单位，也有些系统用系统参数来设定尺寸制式。采用米制时，一般单位为 mm，如 X100 指令的坐标单位为 100mm。当然，一些数控系统可通过参数来选择不同的尺寸单位。

（4）进给功能字 F

进给功能字的地址符是 F，又称为 F 功能或 F 指令，用于指定切削的进给速度。对于车床，F 可分为每分钟进给和主轴每转进给两种；对于其他数控机床，一般只用每分钟进给。F 指令在螺纹切削程序段中常用来指令螺纹的导程。

（5）主轴转速功能字 S

主轴转速功能字的地址符是 S，又称为 S 功能或 S 指令，用于指定主轴转速。单位为 r/min。对于具有恒线速度功能的数控车床，程序中的 S 指令用来指定车削加工的线速度数。

（6）刀具功能字 T

刀具功能字的地址符是 T，又称为 T 功能或 T 指令，用于指定加工时所用刀具的编号。对于数控车床，其后的数字还兼作指定刀具长度补偿和刀尖半径补偿用。

（7）辅助功能字 M

辅助功能字的地址符是 M，后续数字一般为 1～3 位正整数，又称为 M 功能或 M 指令，用于指定数控机床辅助装置的开关动作，如表 1-3-2 所示。

表 1-3-2 M 功能字含义表

M 功能字	含 义
M00	程序停止
M01	计划停止
M02	程序停止
M03	主轴顺时针旋转
M04	主轴逆时针旋转
M05	主轴旋转停止
M06	换刀
M07	2 号冷却液开
M08	1 号冷却液开
M09	冷却液关
M30	程序停止并返回开始处

续　表

M 功能字	含　义
M98	调用子程序
M99	返回子程序

3.1.3 程序格式

3.1.3.1 程序段格式

程序段是可作为一个单位来处理的、连续的字组,是数控加工程序中的一条语句。一个数控加工程序是由若干个程序段组成的。

程序段格式是指程序段中的字、字符和数据的安排形式。现在一般使用字地址可变程序段格式,每个字长不固定,各个程序段中的长度和功能字的个数都是可变的。地址可变程序段格式中,在上一程序段中写明的、本程序段里又不变化的那些字仍然有效,可以不再重写。这种功能字称之为续效字。

程序段格式举例:

N30　G01　X88.1　Y30.2　F500　S3000　T02　M08

N40　X90(本程序段省略了续效字"G01、Y30.2、F500、S3000、T02、M08",但它们的功能仍然有效)

在程序段中,必须明确组成程序段的各要素:

移动目标:终点坐标值 X、Y、Z;

沿怎样的轨迹移动:准备功能字 G;

进给速度:进给功能字 F;

切削速度:主轴转速功能字 S;

使用刀具:刀具功能字 T;

机床辅助动作:辅助功能字 M。

3.1.3.2 加工程序的一般格式

(1)程序开始符、结束符

程序开始符、结束符是同一个字符,ISO 代码中是%,EIA 代码中是 EP,书写时要单列一段。

(2)程序名

程序名有两种形式:一种是英文字母 O 和 1~4 位正整数组成;另一种是由英文字母开头,字母数字混合组成的。一般要求单列一段。

(3)程序主体

程序主体是由若干个程序段组成的。每个程序段一般占一行。

(4)程序结束指令

程序结束指令可以用 M02 或 M30。一般要求单列一段。

加工程序的一般格式举例:

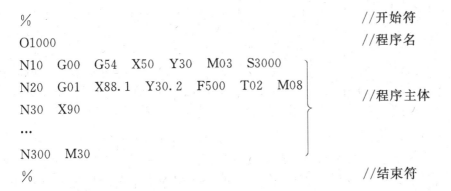

%	//开始符
O1000	//程序名
N10 G00 G54 X50 Y30 M03 S3000	
N20 G01 X88.1 Y30.2 F500 T02 M08	//程序主体
N30 X90	
...	
N300 M30	
%	//结束符

3.2 数控机床的坐标系

在数控编程时,为了描述机床的运动,简化程序编制的方法及保证记录数据的互换性,数控机床的坐标系和运动方向均已标准化,ISO 和我国都拟定了命名的标准。通过这一部分的学习,能够掌握机床坐标系、编程坐标系、加工坐标系的概念,具备实际动手设置机床加工坐标系的能力。

3.2.1 机床坐标系

3.2.1.1 机床坐标系的确定

(1)机床相对运动的规定

在机床上,我们始终认为工件静止,而刀具是运动的。这样编程人员在不考虑机床上工件与刀具具体运动的情况下,就可以依据零件图样确定机床的加工过程。

(2)机床坐标系的规定

在数控机床上,机床的动作是由数控装置来控制的,为了确定数控机床上的成形运动和辅助运动,必须先确定机床上运动的位移和运动的方向,这就需要通过坐标系来实现,这个坐标系被称之为机床坐标系。

例如铣床上,有机床的纵向运动、横向运动以及垂向运动,如图 1.3-4 所示。在数控加工中就应该用机床坐标系来描述。

图 1-3-4 立式数控铣床

标准机床坐标系中 X、Y、Z 坐标轴的相互关系由右手笛卡尔直角坐标系决定:

①伸出右手的大拇指、食指和中指,并互为 90°。则大拇指代表 X 坐标,食指代表 Y 坐标,中指代表 Z 坐标。

②大拇指的指向为 X 坐标的正方向,食指的指向为 Y 坐标的正方向,中指的指向为 Z 坐标的正方向。

③围绕 X、Y、Z 坐标旋转的旋转坐标分别用 A、B、C 表示,根据右手螺旋定则,大拇指的指向为 X、Y、Z 坐标中任意轴的正向,则其余四指的旋转方向即为旋转坐标 A、B、C 的正向,如图 1-3-5 所示。

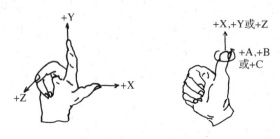

图 1-3-5　直角坐标系

(3)运动方向的规定

增大刀具与工件距离的方向即为各坐标轴的正方向,如图 1-3-6 所示为数控车床上两个运动的正方向。

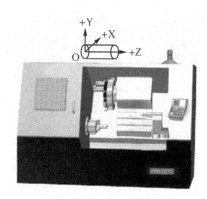

图 1-3-6　机床运动的方向

3.2.1.2 坐标轴方向的确定

(1)Z 坐标

Z 坐标的运动方向是由传递切削动力的主轴所决定的,即平行于主轴轴线的坐标轴即为 Z 坐标,Z 坐标的正向为刀具离开工件的方向。

如果机床上有几个主轴,则选一个垂直于工件装夹平面的主轴方向为 Z 坐标方向;如果主轴能够摆动,则选垂直于工件装夹平面的方向为 Z 坐标方向;如果机床无主轴,则选垂直于工件装夹平面的方向为 Z 坐标方向。如图 1-3-7 所示为数控车床的 Z 坐标。

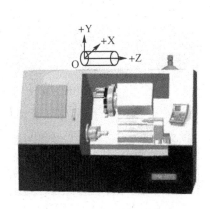

图 1-3-7　数控车床的坐标系

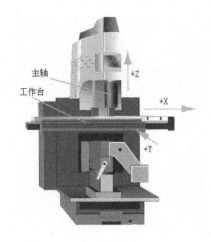

图 1-3-8　数控立式铣床的坐标系

（2）X 坐标

X 坐标平行于工件的装夹平面，一般在水平面内。确定 X 轴的方向时，要考虑两种情况：

①如果工件做旋转运动，则刀具离开工件的方向为 X 坐标的正方向。

②如果刀具做旋转运动，则分为两种情况：Z 坐标水平时，观察者沿刀具主轴向工件看时，＋X 运动方向指向右方；Z 坐标垂直时，观察者面对刀具主轴向立柱看时，＋X 运动方向指向右方。如图 1-3-7 所示为数控车床的 X 坐标。

（3）Y 坐标

在确定 X、Z 坐标的正方向后，可以根据 X 和 Z 坐标的方向，按照右手直角坐标系来确定 Y 坐标的方向。图 1-3-7 所示为数控车床的 Y 坐标。

例：如图 1-3-8 所示的数控立式铣床结构图，试确定 X、Y、Z 直线坐标。

（1）Z 坐标：平行于主轴，刀具离开工件的方向为正。

（2）X 坐标：垂直于 Z 坐标，且刀具旋转，所以面对刀具主轴向立柱方向看，向右为正。

（3）Y 坐标：在 Z、X 坐标确定后，用右手直角坐标系来确定。

3.2.1.3 附加坐标系

为了编程和加工的方便，有时还要设置附加坐标系。

对于直线运动，通常建立的附加坐标系有：

（1）指定平行于 X、Y、Z 的坐标轴

可以采用的附加坐标系：第二组 U、V、W 坐标，第三组 P、Q、R 坐标。

（2）指定不平行于 X、Y、Z 的坐标轴

也可以采用的附加坐标系：第二组 U、V、W 坐标，第三组 P、Q、R 坐标。

3.2.1.4 机床原点的设置

机床原点是指在机床上设置的一个固定点，即机床坐标系的原点。它在机床装配、调试时就已确定下来，是数控机床进行加工运动的基准参考点。

（1）数控车床的原点

在数控车床上，机床原点一般取在卡盘端面与主轴中心线的交点处，如图 1-3-9 所示。同时，通过设置参数的方法，也可将机床原点设定在 X、Z 坐标的正方向极限位置上。

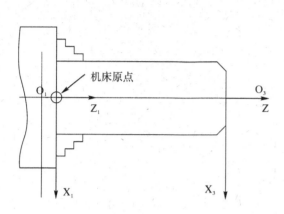

图 1-3-9   车床的机床原点   图 1-3-10   铣床的机床原点

（2）数控铣床的原点

在数控铣床上，机床原点一般取在 X、Y、Z 坐标的正方向极限位置上，如图 1-3-10 所示。

3.2.1.5 机床参考点

机床参考点是用于对机床运动进行检测和控制的固定位置点。

机床参考点的位置是由机床制造厂家在每个进给轴上用限位开关精确调整好的，坐标值已输入数控系统中，因此参考点对机床原点的坐标是一个已知数。

通常在数控铣床上机床原点和机床参考点是重合的，而在数控车床上机床参考点是离机床原点最远的极限点。如图 1-3-11 所示为数控车床的参考点与机床原点。

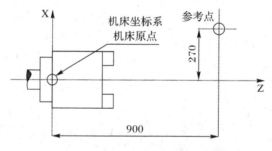

图 1-3-11   数控车床的参考点

数控机床开机时，必须先确定机床原点，而确定机床原点的运动就是刀架返回参考点的操作，这样通过确认参考点，就确定了机床原点。只有机床参考点被确认后，刀具（或工作台）移动才有基准。

3.2.2   编程坐标系

编程坐标系是编程人员根据零件图样及加工工艺等建立的坐标系。

编程坐标系一般供编程使用，确定编程坐标系时不必考虑工件毛坯在机床上的实际装夹位置。如图 1-3-12 所示，其中 O_2 即为编程坐标系原点。

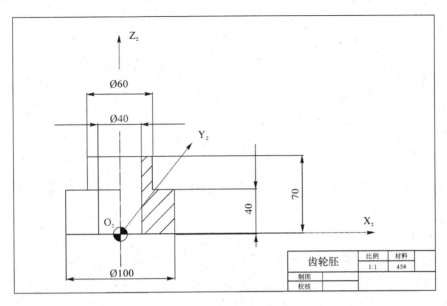

图 1-3-12 编程坐标系

编程原点是根据加工零件图样及加工工艺要求选定的编程坐标系的原点。

编程原点应尽量选择在零件的设计基准或工艺基准上,编程坐标系中各轴的方向应该与所使用的数控机床相应的坐标轴方向一致,如图 1-3-13 所示为铣削零件的编程原点。

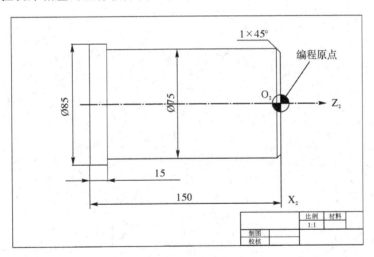

图 1-3-13 确定编程原点

3.2.3 加工坐标系

3.2.3.1 加工坐标系的确定

加工坐标系是指以确定的加工原点为基准所建立的坐标系。

加工原点也称为程序原点,是指零件被装夹好后,相应的编程原点在机床坐标系中的位置。

在加工过程中,数控机床是按照工件装夹好后所确定的加工原点位置和程序要求进行加工的。编程人员在编制程序时,只要根据零件图样就可以选定编程原点、建立编程坐标系、计算坐标数值,而不必考虑工件毛坯装夹的实际位置。对于加工人员来说,则应在装夹工件、调试程序时,将编程原点转换为加工原点,并确定加工原点的位置,在数控系统中给予设定(即给出原点设定值)。设定加工坐标系后就可根据刀具当前位置,确定刀具起始点的坐标值。在加工时,工件各尺寸的坐标值都是相对于加工原点而言的,这样数控机床才能按照准确的加工坐标系位置开始加工。图 1-3-12 中 O_2 为加工原点 O_3。

3.2.3.2 加工坐标系的设定

方法一:在机床坐标系中直接设定加工原点。

例:以图 1-3-12 为例,在配置 FANUC-OM 系统的立式数控铣床上设置加工原点 O_3。

(1)加工坐标系的选择

编程原点设置在工件轴心线与工件底端面的交点上。

设工作台工作面尺寸为 800mm×320mm,若工件装夹在接近工作台中间处,则确定了加工坐标系的位置,其加工原点 O_3 就在距机床原点 O_1 为 X_3、Y_3、Z_3 处。并且 $X_3 = -345.700mm$,$Y_3 = -196.220mm$,$Z_3 = -53.165mm$。

(2)设定加工坐标系指令

1)G54～G59 为设定加工坐标系指令。G54 对应一号工件坐标系,其余以此类推。可在 MDI 方式的参数设置页面中,设定加工坐标系。如对已选定的加工原点 O_3,将其坐标值 $X_3 = -345.700mm$,$Y_3 = -196.220mm$,$Z_3 = -53.165mm$ 设在 G54 中,则表明在数控系统中设定了 1 号工件加工坐标。设置页面如图 1-3-14 所示。

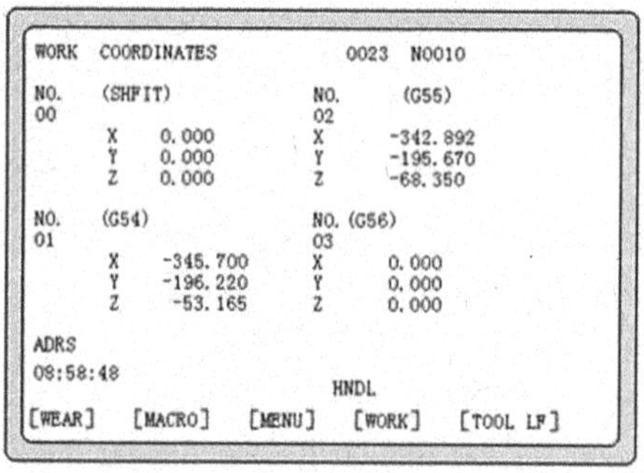

```
WORK    COORDINATES              0023  N0010
NO.     (SHFIT)          NO.        (G55)
00                       02
        X    0.000       X       -342.892
        Y    0.000       Y       -195.670
        Z    0.000       Z        -68.350

NO.    (G54)             NO.  (G56)
01                       03
        X    -345.700    X        0.000
        Y    -196.220    Y        0.000
        Z     -53.165    Z        0.000
ADRS
08:58:48
                            HNDL
[WEAR]   [MACRO]   [MENU]   [WORK]   [TOOL LF]
```

图 1-3-14　加工坐标系设置

2)G54～G59 在加工程序中出现时,即选择了相应的加工坐标系。

方法二:通过刀具起始点来设定加工坐标系。

(1)加工坐标系的选择

加工坐标系的原点可设定在相对于刀具起始点的某一符合加工要求的空间点上。

应注意的是,当机床开机回参考点之后,无论刀具运动到哪一点,数控系统对其位置都是已知的。也就是说,刀具起始点是一个已知点。

(2)设定加工坐标系指令

G92 为设定加工坐标系指令。在程序中出现 G92 程序段时,即通过刀具当前所在位置即刀具起始点来设定加工坐标系。

G92指令的编程格式:G92 X a Y b Z c

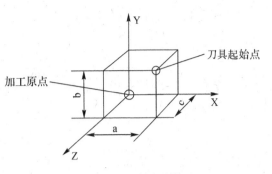

图 1-3-15 设定加工坐标系

该程序段运行后,就根据刀具起始点设定了加工原点,如图1-3-15所示。

从图1-3-15中可看出,用G92设置加工坐标系,也可看作是:在加工坐标系中,确定刀具起始点的坐标值,并将该坐标值写入G92编程格式中。

例:如图1-3-16所示,当a=50mm,b=50mm,c=10mm时,试用G92指令设定加工坐标系。

设定程序为 G92 X50 Y50 Z10

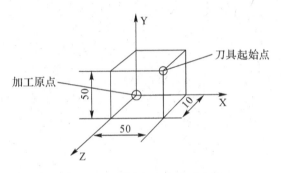

图 1-3-16 设定加工坐标系应用

3.2.4 机床加工坐标系设定的实例

以数控铣床(FANUC OM)加工坐标系的设定为例,说明工作步骤。

在选择如图1-3-17所示的被加工零件图样,并确定了编程原点位置后,可按以下方法进行加工坐标系设定。

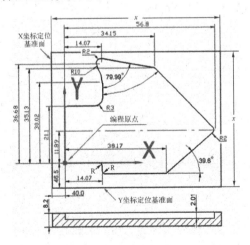

图 1-3-17 零件图样

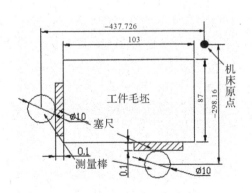

图 1-3-18 X、Y向对刀方法

3.2.4.1 准备工作

机床回参考点,确认机床坐标系。

3.2.4.2 装夹工件毛坯

通过夹具使零件定位,并使工件定位基准面与机床运动方向一致。

3.2.4.3 对刀测量

用简易对刀法测量,方法如下:

用直径为 Φ10 的标准测量棒、塞尺对刀,得到测量值为 X＝－437.726,Y＝－298.160,如图 1-3-18 所示。Z＝－31.833,如图 1-3-19 所示。

3.2.4.4 计算设定值

按图 1-3-18 所示,将前面已测得的各项数据,按设定要求运算。

X 坐标设定值:X＝－437.726＋5＋0.1＋40＝－392.626mm

注:－437.726mm 为 X 坐标显示值,＋5mm 为测量棒半径值,＋0.1mm 为塞尺厚度。
＋40mm 为编程原点到工件定位基准面在 X 坐标方向的距离。

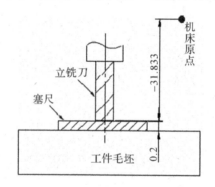

图 1-3-19　Z 向对刀方法

Y 坐标设定值:Y＝－298.16＋5＋0.1＋46.5＝－246.46mm

注:如图 3-18 所示,－298.16mm 为 Y 坐标显示值;＋5mm 为测量棒半径值;＋0.1mm 为塞尺厚度;＋46.5 为编程原点到工件定位基准面在 Y 坐标方向的距离。

Z 坐标设定值:Z＝－31.833－0.2＝－32.033mm。

注:－31.833 为 Z 坐标显示值,－0.2 为塞尺厚度,如图 1-3-19 所示。

通过计算结果为:X＝－392.626;Y＝－246.460;Z＝－32.033。

3.2.4.5 设定加工坐标系

将开关放在 MDI 方式下,进入加工坐标系设定页面。输入数据为:

X＝－392.626;Y＝－246.460;Z＝－32.033。

表示加工原点设置在机床坐标系的 X＝－392.626,Y＝－246.460,Z＝－32.033 的位置上。

3.2.4.6 校对设定值

对于初学者,在进行了加工原点的设定后,应进一步校对设定值,以保证参数的正确性。校对工作的具体过程如下:在设定了 G54 加工坐标系后,再进行回机床参考点操作,其显示值为：

　　X+392.626,Y+246.460,Z+32.033。

　　这说明在设定了 G54 加工坐标系后,机床原点在加工坐标系中的位置为：

　　X+392.626,Y+246.460,Z+32.033。

　　这反过来也说明 G54 的设定值是正确的。

3.3　常用编程指令

　　数控加工程序是由各种功能字按照规定的格式组成的。正确地理解各个功能字的含义,恰当地使用各种功能字,按规定的程序指令编写程序,是编好数控加工程序的关键。

　　程序编制的规则,首先是由所采用的数控系统来决定的,所以应详细阅读数控系统编程、操作说明书,以下按常用数控系统的共性概念进行说明。

3.3.1 绝对尺寸指令和增量尺寸指令

　　在加工程序中,绝对尺寸指令和增量尺寸指令有两种表达方法。

　　绝对尺寸指机床运动部件的坐标尺寸值相对于坐标原点给出,如图 1-3-20 所示。增量尺寸指机床运动部件的坐标尺寸值相对于前一位置给出,如图 1-3-21 所示。

3.3.1.1 G 功能字指定

　　G90 指定尺寸值为绝对尺寸。

　　G91 指定尺寸值为增量尺寸。

　　这种表达方式的特点是同一条程序段中只能用一种,不能混用;同一坐标轴方向的尺寸字的地址符是相同的。

3.3.1.2 用尺寸字的地址符指定(本课程中车床部分使用)

　　绝对尺寸的尺寸字的地址符用 X、Y、Z

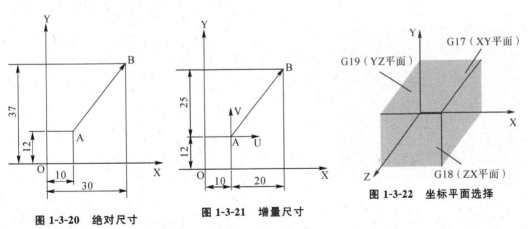

图 1-3-20　绝对尺寸　　　图 1-3-21　增量尺寸　　　图 1-3-22　坐标平面选择

　　增量尺寸的尺寸字的地址符用 U、V、W

　　这种表达方式的特点是同一程序段中绝对尺寸和增量尺寸可以混用,这给编程带来很大方便。

3.3.2 预置寄存指令 G92

预置寄存指令是按照程序规定的尺寸字值,通过当前刀具所在位置来设定加工坐标系的原点。这一指令不产生机床运动。

编程格式:G92　X～Y～Z～

格式中 X、Y、Z 的值是当前刀具位置相对于加工原点位置的值。

例:建立如图 1-3-20 所示的加工坐标系:

当前的刀具位置点在 A 点时:G92　X10　Y12

当前的刀具位置点在 B 点时:G92　X30　Y37

注意:这种方式设置的加工原点是随刀具当前位置(起始位置)的变化而变化的。

3.3.3 坐标平面选择指令

坐标平面选择指令是用来选择圆弧插补的平面和刀具补偿平面的。

G17 表示选择 XY 平面,G18 表示选择 ZX 平面,G19 表示选择 YZ 平面。

各坐标平面如图 1-3-22 所示。一般,数控车床默认在 ZX 平面内加工,数控铣床默认在 XY 平面内的平行面加工。

3.3.4 快速点定位指令

快速点定位指令控制刀具以点位控制的方式快速移动到目标位置,其移动速度由参数来设定。指令执行开始后,刀具沿着各个坐标方向同时按参数设定的速度移动,最后减速到达终点,如图 1-3-23(a)所示。注意:在各坐标方向上有可能不是同时到达终点。刀具移动轨迹是几条线段的组合,不是一条直线。例如,在 FANUC 系统中,运动总是先沿 45°角的直线移动,最后再在某一轴单向移动至目标点位置,如图 1-3-23(b)所示。编程人员应了解所使用的数控系统的刀具移动轨迹情况,以避免加工中可能出现的碰撞。

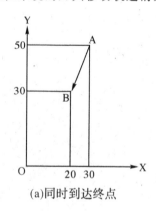
(a)同时到达终点

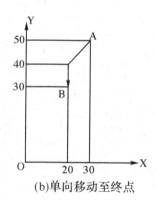
(b)单向移动至终点

图 1-3-23　快速点定位

编程格式:G00　X～Y～Z～

格式中 X、Y、Z 的值是快速点定位的终点坐标值。

例:从 A 点到 B 点快速移动的程序段为:

G90　G00　X20　Y30

3.3.5 直线插补指令

直线插补指令用于产生按指定进给速度 F 实现的空间直线运动。

程序格式：G01　X～Y～Z～F～

格式中：X、Y、Z 的值是直线插补的终点坐标值。

例：实现如图 1-3-24 所示从 A 点到 B 点的直线插补运动，其程序段为：

绝对方式编程：G90　G01　X10　Y10　F100

增量方式编程：G91　G01　X—10　Y—20　F100

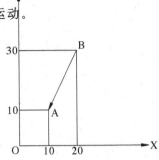

图 1-3-24　直线插补运动

3.3.6 圆弧插补指令

G02 为按指定进给速度的顺时针圆弧插补。G03 为按指定进给速度的逆时针圆弧插补。

圆弧顺逆方向的判别：沿着不在圆弧平面内的坐标轴，由正方向向负方向看，顺时针方向 G02，逆时针方向 G03，如图 1-3-25 所示。

各平面内圆弧情况如图 1-3-26 所示，图 1-3-26（a）表示 XY 平面的圆弧插补，图 1-3-26（b）表示 ZX 平面圆弧插补，图 1-3-26（c）表示 YZ 平面的圆弧插补。

程序格式：

XY 平面：

G17　G02　X～Y～I～J～（R～）F～

G17　G03　X～Y～I～J～（R～）F～

ZX 平面：

G18　G02　X～Z～I～K～（R～）F～

G18　G03　X～Z～I～K～（R～）F～

YZ 平面：

G19　G02　Z～Y～J～K～（R～）F～

G19　G03　Z～Y～J～K～（R～）F～

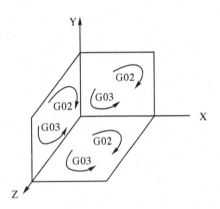

图 1-3-25　圆弧方向判别

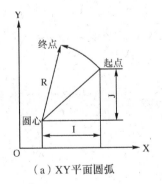

（a）XY 平面圆弧

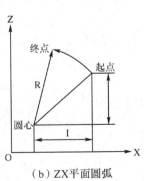

（b）ZX 平面圆弧

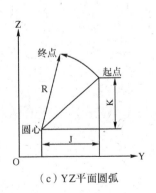

（c）YZ 平面圆弧

图 1-3-26　各平面内圆弧情况

其中：

X、Y、Z 的值是指圆弧插补的终点坐标值；

I,J,K 是指圆弧起点到圆心的增量坐标,与 G90、G91 无关；

R 为指定圆弧半径,当圆弧的圆心角小于等于 180°时,R 值为正,

当圆弧的圆心角大于 180°时,R 值为负。

例：如图 1-3-27 所示,当圆弧 A 的起点为 P_1,

终点为 P_2,圆弧插补程序段为：

G02　X321.65　Y280　I40　J140　F50

或：G02　X321.65　Y280　R-145.6　F50

当圆弧 A 的起点为 P_2,终点为 P_1 时,圆弧插补

程序段为：

G03　X160　Y60　I-121.65　J-80　F50

或：G03　X160　Y60　R-145.6　F50

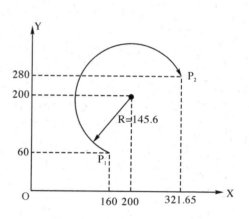

图 1-3-27　圆弧插补应用

3.3.7 刀具半径补偿指令

在零件轮廓铣削加工时,由于刀具半径尺寸影响,刀具的中心轨迹与零件轮廓往往不一致。为了避免计算刀具中心轨迹,直接按零件图样上的轮廓尺寸编程,数控系统提供了刀具半径补偿功能,如图 1-3-28 所示。

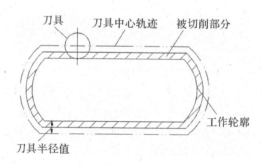

图 1-3-28　刀具半径补偿

G41 为左偏刀具半径补偿,定义为假设工件不动,沿刀具运动方向向前看,刀具在零件左侧的刀具半径补偿。

G42 为右偏刀具半径补偿,定义为假设工件不动,沿刀具运动方向向前看,刀具在零件右侧的刀具半径补偿。G40 为补偿撤销指令。

程序格式：

G00/G01　G41/G42　X～Y～H～　　　　　//建立补偿程序段

…　　　　　　　　　　　　　　　　　　//轮廓切削程序段

…　　　　　　　　　　　　　　　　　　//补偿撤销程序段

G00/G01　G40　X～Y～ 　　　　　　　//补偿撤销程序段

其中：

G41/G42 程序段中的 X、Y 值是建立补偿直线段的终点坐标值；

G40 程序段中的 X、Y 值是撤销补偿直线段的终点坐标；

H 为刀具半径补偿代号地址字，后面一般用两位数字表示代号，代号与刀具半径值一一对应。刀具半径值可用 CRT/MDI 方式输入，即在设置时，H～＝R。如果用 H00 也可取消刀具半径补偿。

3.3.8　刀具长度补偿指令

使用刀具长度补偿指令，在编程时就不必考虑刀具的实际长度及各把刀具不同的长度尺寸。加工时，用 MDI 方式输入刀具的长度尺寸，即可正确加工。当由于刀具磨损、更换刀具等原因引起刀具长度尺寸变化时，只要修正刀具长度补偿量，而不必调整程序或刀具。

G43 为正补偿，即将 Z 坐标尺寸字与 H 代码中长度补偿的量相加，按其结果进行 Z 轴运动。

G44 为负补偿，即将 Z 坐标尺寸字与 H 中长度补偿的量相减，按其结果进行 Z 轴运动。

G49 为撤销补偿。

编程格式为：

G01　G43/G44　Z　H　　　　　//建立补偿程序段

…　　　　　　　　　　　　　　　//切削加工程序段

…

G49　　　　　　　　　　　　　//补偿撤销程序段

例：如图 1-3-29(a)中所示所对应的程序段为 G01　G43　Zs　H～

如图 1-3-29(b)中所示所对应的程序段为　　G01　G44　Zs　H～

其中：

s 为 Z 向程序指令点；

H～的值为长度补偿量，即 H～＝△。

H 刀具长度补偿代号地址字，后面一般用两位数字表示代号，代号与长度补偿量一一对应。刀具长度补偿量可用 CRT/MDI 方式输入。

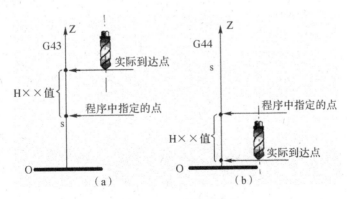

图 1-3-29　刀具长度补偿

第二篇
实际操作部分

项目一　C字八边形凸台

1.1　项目目标

(1)掌握直线插补的加工工艺。

(2)学会合理选择切削用量。

1.2　零件图及工量具清单

1.2.1 零件图

零件图如图 2-1-1 所示：

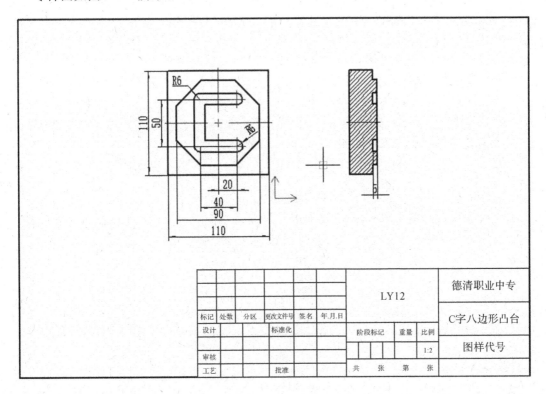

图 2-1-1　零件图

1.2.2 工量具清单

工量具清单如表 2-1-1 所示：

表 2-1-1　工量具清单

序号	名称	规格	精度	数量
1	Z轴设定器	50	0.01	1个
2	游标卡尺	0～150	0.02	1把
3	游标深度尺	0～200	0.02	1把
4	R规	R7～R14.5		1套
5	百分表及表座	0～10	0.01	1副
6	平行垫块			2块
7	盘铣刀	Φ80		1把
8	键槽铣刀	Φ10		1把
9	立铣刀	Φ16、Φ12		各1把
10	装卸刀扳手			1副
11	平口钳			1副

1.3　工艺方案

1.3.1　工装

本例采用机用平口钳装夹的方法,底部用垫块垫起。

1.3.2　加工路线

(1)利用 Φ16 立铣刀粗加工外轮廓,侧面留 0.2mm 余量。

(2)利用 Φ12 立铣刀精加工外轮廓至要求尺寸。

(3)利用 Φ10 键槽铣刀粗精加工内轮廓至要求尺寸。

1.3.3　刀具与合理的切削用量

刀具与合理的切削用量如表 2-1-2 所示：

表 2-1-2　切削用量

刀具号	刀具规格	工序内容	mm/min	a_p/mm	r/min
T01	Φ16	外轮廓去余量,留 0.2mm 的余量	60		1200
T02	Φ12	外轮廓的精加工	100	0.4	1000
T03	Φ10	内轮廓的精加工	100		1000

1.4　评分表

评分表如表 2-1-3 所示：

表 2-1-3　评分表

序号	鉴定项目及标准		配分	检验结果	得分	备注
1	工艺准备(40)	工艺编制	10			
		程序编制及输入	15			
		工件装夹	5			
		刀具选择	5			
		切削用量选择	5			
2	工件加工(50)	用试切法对刀	5			
		工件质量(45) 110	4×2			
		90	3×3			
		20	3×2			
		R6	2×4			
		50	4			
		40	2×2			
		5	3×2			
3	其他(10)	文明生产	3			
		安全生产	2			
		工件完整度	5	形状不完整全扣		
		按时完成	每超时 3 分钟扣 1 分			
		合计	100			

1.5　注意事项

（1）程序编辑中要注意刀具偏移一个刀具半径，如图 2-1-2 所示实际刀具轨迹应为细实线。

（2）本项目内容全部采用直线指令，注意它的正确应用。

（3）本项目注意八边形余量的去除方法，应采用 Φ16 铣刀去除余量，然后再用 Φ12 铣刀精铣八边形。

（4）内槽加工中，由于内槽槽宽 12mm，必须采用 Φ10 铣刀加工。

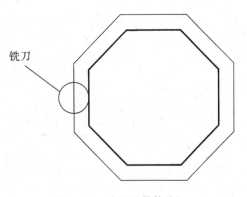

铣刀

图 2-1-2　实际刀具轨迹

1.6 相关知识

1.6.1 快速定位 G00

格式 G00 X_Y_Z_A_。

说明：

X_Y_Z_A：快速定位终点，在 G90 时为终点在工件坐标系中的坐标；在 G91 时为终点相对于起点的位移量；

G00 指令刀具相对于工件以各轴预先设定的速度，从当前位置快速移动到程序段指令的定位目标点；

G00 指令中的快移速度由机床参数"快移进给速度"对各轴分别设定，不能用 F_规定；

G00 一般用于加工前快速定位或加工后快速退刀。快移速度可由面板上的快速修调旋钮修正；

G00 为模态功能，可由 G01、G02、G03 或 G33 功能注销。

注意：在执行 G00 指令时，由于各轴以各自速度移动，不能保证各轴同时到达终点，因而联动直线轴的合成轨迹不一定是直线。操作者必须格外小心，以免刀具与工件发生碰撞。常见的做法是将 Z 轴移动到安全高度，再放心地执行 G00 指令。

例 1：如图 2-1-3 所示，使用 G00 编程，要求刀具从 A 点快速定位到 B 点。

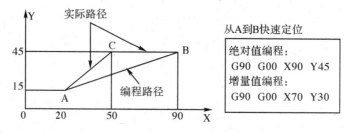

图 2-1-3 G00 编程

当 X 轴和 Y 轴的快进速度相同时，从 A 点到 B 点的快速定位路线为 A→C→B，即以折线的方式到达 B 点，而不是以直线方式从 A→B。

1.6.2 线性进给 G01

格式 G01 X_Y_Z_A_F_。

说明：

X_Y_Z_A：线性进给终点，在 G90 时为终点在工件坐标系中的坐标；在 G91 时为终点相对于起点的位移量；

F_：合成进给速度。

G01 指令刀具以联动的方式，按 F 规定的合成进给速度，从当前位置按线性路线（联动直线轴的合成轨迹为直线）移动到程序段指令的终点。

注：G01 是模态代码，可由 G00、G02、G03 功能注销。

例 2：如图 2-1-4 所示，使用 G01 编程，要求从 A 点线性进给到 B 点（此时的进给路线是从 AB 的直线）。

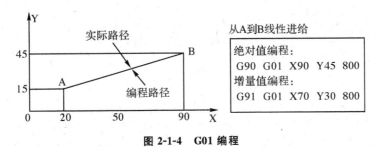

图 2-1-4　G01 编程

项目二　太极凸台

2.1　项目目标

(1)掌握圆弧插补的加工工艺。

(2)学会合理选择切削用量。

2.2　零件图及工量具清单

2.2.1 零件图

零件图如图 2-2-1 所示：

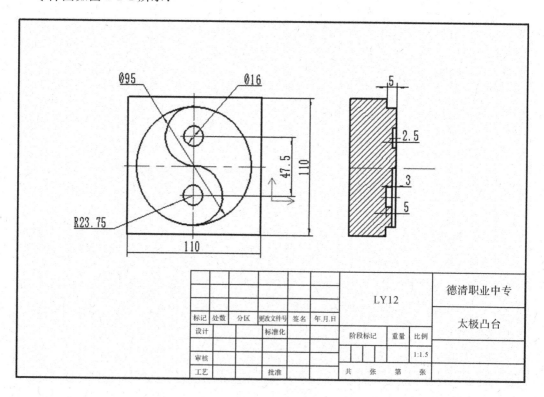

图 2-2-1　零件图

2.2.2 工量具清单

工量具清单如表 2-2-1 所示：

表 2-2-1　工量具清单

序号	名称	规格	精度	数量
1	Z 轴设定器	50	0.01	1 个
2	游标卡尺	0～150	0.02	1 把
3	游标深度尺	0～200	0.02	1 把
4	R 规	R7～R14.5		1 套
5	百分表及表座	0～10	0.01	1 副
6	平行垫块			2 块
7	盘铣刀	Φ80		1 把
8	键槽铣刀	Φ10		各 1 把
9	立铣刀	Φ16、Φ12		各 1 把
10	装卸刀扳手			1 副
11	平口钳			1 副

2.3　工艺方案

2.3.1 工装

本例采用机用平口钳装夹的方法，底部用垫块垫起。

2.3.2 加工路线

(1)利用 Φ16 立铣刀粗加工太极轮廓，侧面留 0.2mm 余量。

(2)利用 Φ12 立铣刀精加工太极外轮廓至要求尺寸。

(3)利用 Φ10 键槽铣刀粗加工 Φ16 孔，留 0.2mm 余量。

(4)利用 Φ12 立铣刀精加工 Φ16 孔。

2.3.3 刀具与合理的切削用量

刀具与合理的切削用量如表 2-2-2 所示：

表 2-2-2　切削用量

刀具号	刀具规格	工序内容	mm/min	a_p/mm	r/min
T01	Φ16	外轮廓去余量，留 0.2mm 的余量	60		1200
T02	Φ10	粗加工内孔	60		1200
T03	Φ12	外轮廓的精加工	100	0.4	1000
T04	Φ12	精加工内孔			1000

2.4 评分表

评分表如表 2-2-3 所示：

表 2-2-3 评分表

序号	鉴定项目及标准			配分	检验结果	得分	备注
1	工艺准备(40)	工艺编制		10			
		程序编制及输入		15			
		工件装夹		5			
		刀具选择		5			
		切削用量选择		5			
2	工件加工(50)	用试切法对刀		5			
		工件质量(45)	110	2×4			
			47.5	5			
			Φ95	5			
			Φ16	2×3			
			R23.75	2×3			
			5	5			
			3	5			
			2.5	5			
3	其他(10)	文明生产		3			
		安全生产		2			
		工件完整度		5	形状不完整全扣		
		按时完成		每超时 3 分钟扣 1 分			
		合计		100			

2.5 注意事项

(1)程序编辑中要注意刀具偏移一个刀具半径。如图 2-2-2 所示实际刀具轨迹应为细实线。

(2)本项目内容全部采用圆弧指令，注意它的正确应用。

(3)本项目注意整圆 Φ95 的正确加工方法。

(4)先用 Φ16 铣刀粗加工太极中间 S 形曲线，并留余量。

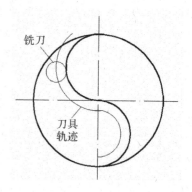

图 2-2-2 实际刀具轨迹

2.6　相关知识

格式：$G17\begin{Bmatrix}G02\\G03\end{Bmatrix}X\_Y\_\begin{Bmatrix}I\_J\_\\R\_\end{Bmatrix}F\_$

$G18\begin{Bmatrix}G02\\G03\end{Bmatrix}X\_Z\_\begin{Bmatrix}I\_K\_\\R\_\end{Bmatrix}F\_$

$G19\begin{Bmatrix}G02\\G03\end{Bmatrix}Y\_Z\_\begin{Bmatrix}J\_K\_\\R\_\end{Bmatrix}F\_$

说明。

G02：顺时针圆弧插补。

G03：逆时针圆弧插补。

G17：XY 平面的圆弧。

G18：ZX 平面的圆弧。

G19：YZ 平面的圆弧。

X、Y、Z：圆弧终点，在 G90 时为圆弧终点在工件坐标系中的坐标；在 G91 时为圆弧终点相对于圆弧起点的位移量，如图 2-2-3 所示。

I、J、K：圆心相对于圆弧起点的偏移值（等于圆心的坐标减去圆弧起点的坐标），在 G90/G91 时都是以增量方式指定，如图 2-2-4 所示。

R：圆弧半径，当圆弧圆心角小于 180°时，R 为正值，否则 R 为负值。

F：被编程的两个轴的合成进给速度。

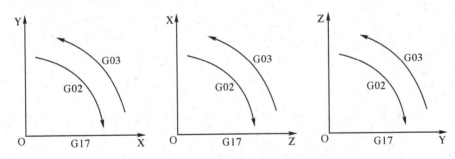

图 2-2-3　不同平面的 G02 与 G03 选择

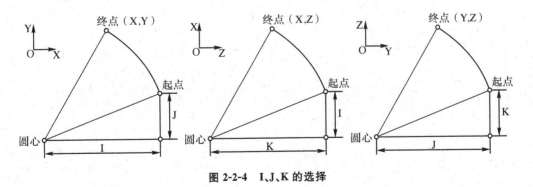

图 2-2-4　I、J、K 的选择

例1：使用 G02 对如图 2-2-5 所示圆弧 a 和圆弧 b 编程。

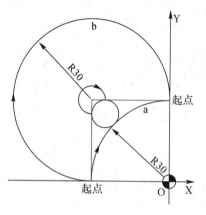

图 2-2-5

(1)圆弧 a					
G91	G02	X30	Y30	R30	F300
G91	G02	X30	Y30	I30	F300
G90	G02	X0	Y30	R30	F300
G90	G02	X0	Y30	I30	F300
(2)圆弧 b					
G91	G02	X30	Y30	R—30	F300
G91	G02	X30	Y30	I0	J30 F300
G90	G02	X0	Y30	R—30	F300
G90	G02	X0	Y30	I0	J30 F300

例2：使用 G02/G03 对如图 2-2-6 所示的整圆编程。

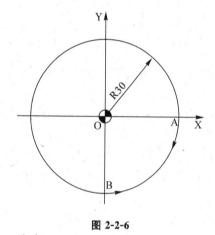

图 2-2-6

(1)到 A 点顺时针一周时					
G91	G02	X30	Y0	I—30	J0 F300
G91	G02	X0	Y0	I—30	J0 F300
(2)从 B 点逆时针一周时					
G91	G03	X0	Y—30	I0	J30 F300
G91	G03	X0	Y0	I0	J30 F300

注意：

(1)顺时针或逆时针是从垂直于圆弧所在平面的坐标轴的正方向看到的回转方向；

(2)整圆编程时不可以使用 R，只能用 I、J、K；

(3)同时编入 R 与 I、J、K 时，R 有效。

项目三 十字凸模

3.1 项目目标

(1)掌握刀具半径补偿在加工中的运用。

(2)稳固直线和圆弧插补。

(3)学会合理选择切削用量。

3.2 零件图及工量具清单

3.2.1 零件图

零件图如图 2-3-1 所示：

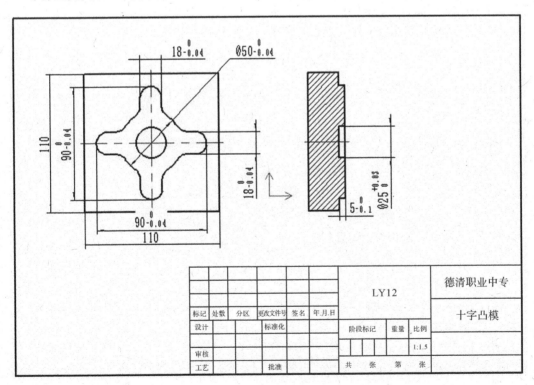

图 2-3-1 零件图

3.2.2 工量具清单

工量具清单如表 2-3-1 所示：

表 2-3-1 工量具清单

序号	名称	规格	精度	数量
1	Z 轴设定器	50	0.01	1 个
2	游标卡尺	0～150	0.02	1 把
3	游标深度尺	0～200	0.02	1 把
4	R 规	R7～R14.5		1 套
5	百分表及表座	0～10	0.01	1 副
6	平行垫块			2 块
7	键槽铣刀	Φ16		1 把
8	立铣刀	Φ16、Φ12		各 1 把
9	装卸刀扳手			1 副
10	平口钳			1 副

3.3 工艺方案

3.3.1 工装

本例采用机用平口钳装夹的方法，底部用垫块垫起。

3.3.2 加工路线

(1)利用 Φ16 立铣刀粗加工外轮廓，侧面留 0.2mm 余量。

(2)利用 Φ12 立铣刀精加工外轮廓至要求尺寸。

(3)利用 Φ16 键槽铣刀粗加工内孔，侧面留 0.2mm 余量。

(4)利用 Φ12 立铣刀精加工内孔至要求尺寸。

3.3.3 刀具与合理的切削用量

刀具与合理的切削用量如表 2-3-2 所示：

表 2-3-2 刀具与合理的切削用量

刀具号	刀具规格	工序内容	mm/min	a_p/mm	r/min
T01	Φ16	外轮廓去余量，留 0.2mm 的余量	60		1200
T02	Φ16	内孔粗加工去余量，留 0.2mm 的余量	60		800
T03	Φ12	外轮廓的精加工	100	150	100

3.4 评分表

评分表如表 2-3-3 所示：

表 2-3-3 评分表

序号	鉴定项目及标准		配分	检验结果	得分
1	工艺准备(40)	工艺编制	10		
		程序编制及输入	15		
		工件装夹	5		
		刀具选择	5		
		切削用量选择	5		
2	工件加工(50)	用试切法对刀	5		
		工件质量(45) 110	3×2		
		$90^{0}_{-0.04}$	5×2		
		R9	0.5×12		
		$18^{0}_{-0.04}$	2×4		
		$\Phi 50^{0}_{-0.04}$	5		
		$\Phi 25^{+0.03}_{0}$	5		
		$5^{0}_{-0.01}$	5		
3	其他(10)	文明生产	3		
		安全生产	2		
		工件完整度	5	形状不完整全扣	
		按时完成	每超时 3 分钟扣 1 分		
	合计		100		

3.5 注意事项

(1)本项目培训内容为刀具半径补偿,如图 2-3-2、2-3-3 所示。

(2)注意刀具半径补偿的建立与取消。

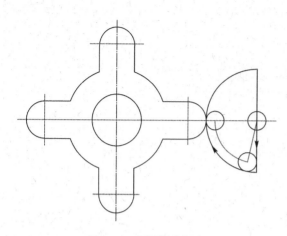

图 2-3-2　圆弧切入切出

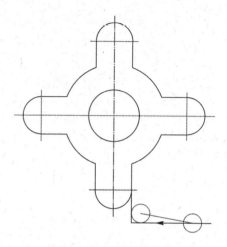

图 2-3-3　直线切入切出

3.6　相关知识

刀具半径补偿 G40、G41、G42。

$$格式：\begin{Bmatrix}G17\\G18\\G19\end{Bmatrix}\begin{Bmatrix}G40\\G41\\G42\end{Bmatrix}\begin{Bmatrix}G00\\G01\end{Bmatrix}X\_Y\_Z\_D\_。$$

说明。

G40：取消刀具半径补偿。

G41：左刀具半径补偿，在刀具前进方向左侧补偿，如图 2-3-4(a)所示。

G42：右刀具半径补偿，在刀具前进方向右侧补偿，如图 2-3-4(b)所示。

G17：刀具半径补偿平面为 XY 平面。

G18：刀具半径补偿平面为 ZX 平面。

G19：刀具半径补偿平面为 YZ 平面。

X、Y、Z：G00/G01 的参数，即刀具补偿建立或取消的终点（注：投影到补偿平面上的刀具轨迹受到补偿）。

D：G41/G42 的参数，即刀具半径补偿号码（D00～D99），它代表了刀具半径补偿表中对应的半径补偿值。

G40　G41　G42 都是模态代码，可相互注销。

注意：

(1)刀具半径补偿平面的切换必须在补偿取消方式下进行；

(2)刀具半径补偿的建立与取消只能用 G00 或 G01 指令，不能是 G02 或 G03。

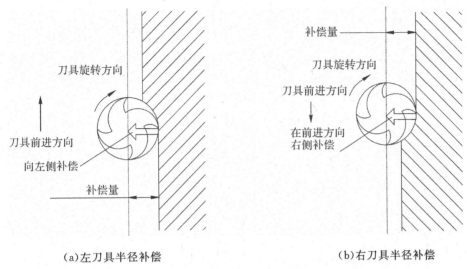

（a）左刀具半径补偿　　　　　　　　　（b）右刀具半径补偿

图 2-3-4　刀具半径补偿方向

例1：考虑刀具半径补偿编制如图 2-3-5 所示零件的加工程序，要求建立工件坐标系，按箭头所指示的路径进行加工，设加工开始时刀具距离工件上表面 50mm，切削深度为 10mm。

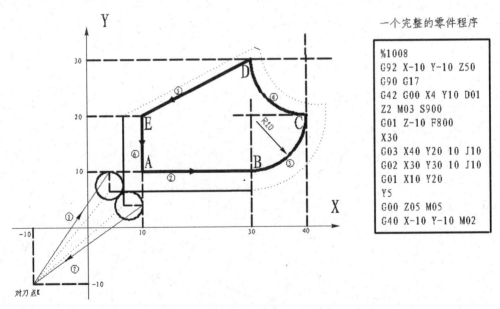

图 2-3-5　刀具半径补偿编程

注意：

（1）加工前应先用手动方式对刀，将刀具移动到相对于编程原点（－10，－10，50）的对刀点处；

（2）图 2-3-5 中带箭头的实线为编程轮廓，不带箭头的细实线为刀具中心的实际路线。

项目四　十字凹模

4.1　项目目标

(1)掌握刀具半径补偿在加工中的运用；

(2)稳固直线和圆弧插补；

(3)学会合理选择切削用量。

4.2　零件图及工量具清单

4.2.1　零件图

零件图如图 2-4-1 所示：

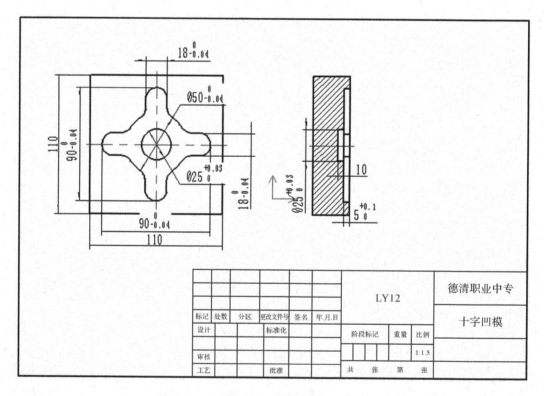

图 2-4-1　零件图

4.2.2 工量具清单

工量具清单如表 2-4-1 所示：

表 2-4-1 工量具清单

序号	名称	规格	精度	数量
1	Z 轴设定器	50	0.01	1 个
2	游标卡尺	0～150	0.02	1 把
3	游标深度尺	0～200	0.02	1 把
4	R 规	R7～R14.5		1 套
5	百分表及表座	0～10	0.01	1 副
6	平行垫块			2 块
7	立铣刀	Φ16、Φ12		各 1 把
8	装卸刀扳手			1 副
9	平口钳			1 副

4.3 工艺方案

4.3.1 工装

本例采用机用平口钳装夹的方法，底部用垫块垫起。

4.3.2 加工路线

(1)铣削坯料上表面，并保证总厚度 20mm。

(2)粗、精铣削内型腔的两圆。

①用 Φ16 键槽刀粗铣内型腔，侧面留 0.2mm 余量。

②用 Φ16 键槽刀粗铣内型腔和 Φ25 圆，侧面留 0.2mm 余量。

③用 Φ12 键槽刀精铣十字凹槽内型腔及 Φ25 圆至要求尺寸。

4.3.3 刀具与合理的切削用量

刀具与合理的切削用量如表 2-4-2 所示：

表 2-4-2 刀具与合理的切削用量

刀具号	刀具规格	工序内容	mm/min	a_p/mm	r/min
T01	Φ16	内型腔去余量，留 0.2mm 的余量	60	100	1200
T01	Φ12	内轮廓的精加工	100	100	1500

4.4　评分表

评分表如表 2-4-3 所示：

表 2-4-3　评分表

序号	鉴定项目及标准			配分	检验结果	得分
1	工艺准备(40)	工艺编制		10		
		程序编制及输入		15		
		工件装夹		5		
		刀具选择		5		
		切削用量选择		5		
2	工件加工(50)	用试切法对刀		5		
		工件质量(45)	$\Phi25_0^{+0.03}$　Ra1.6	5		
			$\Phi50_0^{+0.03}$　Ra3.2	2×4		
			$18_0^{+0.03}$(4 处)　Ra3.2	2×3		
			$5_0^{+0.01}$　Ra6.3	5		
			$90_0^{+0.03}$(2 处)　Ra3.2	2×5		
			12—R9	0.5×12		
			110	5		
3	其他(10)	文明生产		3		
		安全生产		2		
		工件完整度		5	形状不完整全扣	
		按时完成			每超时 3 分钟扣 1 分	
	合计			100		

4.5　注意事项

(1)本项目培训内容为刀具半径补偿。

(2)注意刀具半径补偿的建立与取消。

(3)在加工内型腔时不宜选用大直径铣刀,防止过切。

4.6　相关知识

刀具半径补偿功能使数控编程大为简便,编程时可以不考虑刀具半径,直接按轮廓编程。半径补偿会自动偏移出一个刀具补偿值。

建立半径补偿一般使用在未切削工件时。

(1)刀具半径补偿过程分 3 步：

①刀具补偿建立；

②刀具补偿进行(要加工轮廓)；

③刀具补偿取消。

(2)刀具半径补偿有 2 种：

刀具左补偿(G41)；

刀具右补偿(G42)。

(3)格式。

$$格式:\begin{Bmatrix} G17 \\ G18 \\ G19 \end{Bmatrix}\begin{Bmatrix} G40 \\ G41 \\ G42 \end{Bmatrix}\begin{Bmatrix} G00 \\ G01 \end{Bmatrix}X\_Y\_Z\_D\_。$$

说明。

G40:取消刀具半径补偿。

G41:左刀具半径补偿(在刀具前进方向左侧补偿)。

G42:右刀具半径补偿(在刀具前进方向右侧补偿)。

G17:刀具半径补偿平面为 XY 平面。

G18:刀具半径补偿平面为 ZX 平面。

G19:刀具半径补偿平面为 YZ 平面。

X、Y、Z:G00/G01 的参数,即刀具半径补偿建立或取消的终点(注:投影到补偿平面上的刀具轨迹受到补偿)。

D:G41/G42 的参数,即刀具半径补偿号码(D00~D99),它代表了刀具半径补偿表中对应的半径补偿值。

G40 G41 G42 都是模态代码,可相互注销。

(4)建立刀具半径补偿的方法：

切线切入切出法,如图 2-4-2 所示,法线切入切出法,如图 2-4-3 所示,圆弧切入切出法,如图 2-4-4 所示。

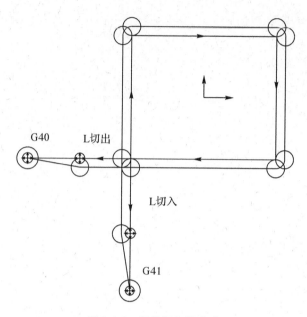

图 2-4-2 切线切入切出法

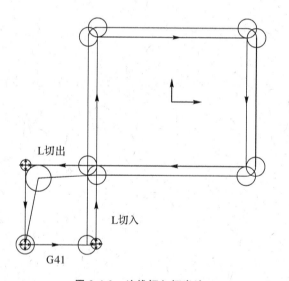

图 2-4-3 法线切入切出法

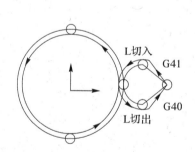

图 2-4-4 圆弧切入切出法

注意：

①切线（法线）切入切出时要留切入切出距离（L）；

②圆弧切入切出加工圆时要切在圆弧象限点（Q）上。

（5）刀具半径补偿的条件：

①在补偿平面内才能有补偿；

②要有补偿代码；

③在补偿平面内要有移动,且移动距离要大于刀具半径补偿值；

④要有 D 地址；

⑤G41、G42、G40 只能在 G00、G01 方式下使用。

项目五　薄壁型腔板

5.1　项目目标

1. 理解 G41/G42 刀具半径补偿的原理及建立方法。
2. 掌握刀具半径补偿修调尺寸。
3. 掌握刀具半径补偿在铣削相同轮廓时的特殊运用及尺寸保证。

5.2　零件图及工量具清单

5.2.1　零件图

零件图如图 2-5-1 所示：

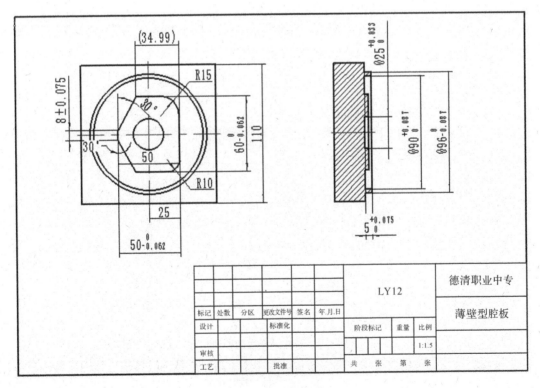

图 2-5-1　零件图

5.2.2 工量具清单

工量具清单如表 2-5-1 所示:

表 2-5-1　工量具清单

序号	名称	规格	精度	数量
1	Z 轴设定器	50	0.01	1 个
2	游标卡尺	0～150	0.02	1 把
3	游标深度尺	0～200	0.02	1 把
4	R 规	R7～R14.5		1 套
5	百分表及表座	0～10	0.01	1 副
6	平行垫块			2 块
7	键槽铣刀	Φ12		1 把
8	立铣刀	Φ12		1 把
9	装卸刀扳手			1 副
10	平口钳			1 副

5.3　工艺方案

5.3.1 工装

本题采用平口钳装夹的方法,底部用垫块垫起。

5.3.2 加工路线

(1)铣削坯料上表面,并保证总厚度 20mm。

(2)用 Φ12 立铣刀,运用 G41 左刀具半径补偿(顺时针走刀)粗铣 Φ96 外圆,深度 4.9mm,侧面留 0.2mm 余量,利用左刀具半径补偿保证尺寸至精度要求(在 Φ96 圆以外下刀)。

(3)运用 G42 右刀具半径补偿(顺时针走刀)粗铣 Φ90 内圆,深度 4.9mm,侧面留 0.2mm 余量,利用右刀具半径补偿保证尺寸至精度要求。(在 Φ90 圆以内下刀)。

(4)用 Φ12 立铣刀,采用粗精铣,铣削不规则六边形至要求尺寸。

(5)用 Φ12 键槽铣刀,粗铣 Φ25 内圆,单边留 0.3mm 余量。用 Φ12 立铣刀精铣,铣削 Φ25 内圆至要求尺寸。

5.3.3 刀具与合理的切削用量

刀具与合理的切削用量如表 2-5-2 所示:

图 2-5-2　刀具与合理的切削用量

刀具号	刀具规格	工序内容	mm/min	a_p/mm	r/min
T01	Φ80 盘铣刀	铣削上表面	80		700
T02	Φ12 立铣刀	粗铣 Φ96 外圆和 Φ90 内圆	60		1200
T03	Φ12 键槽法刀	Φ96 内圆和 Φ25 内圆及六边形	60		1200

续 表

刀具号	刀具规格	工序内容	mm/min	a_p/mm	r/min
T04	Φ12 立铣刀	精铣 Φ96 外圆	150		1500
T05	Φ12 键槽铣刀	粗铣不规则六边形留 0.2mm 余量	100		1200
T06	Φ12 立铣刀	精铣不规则六边形	150		1500
T07	Φ12 键槽铣刀	粗铣 Φ25 内圆	100		1200
T08	Φ12 立铣刀	精铣 Φ25 内圆	150		1500

5.4 评分表

评分表如表 2-5-3 所示：

表 2-5-3 评分表

序号	鉴定项目及标准			配分	检验结果	得分	备注
1	工艺准备(40)	工艺编制		10			
		程序编制及输入		15			
		工件装夹		5			
		刀具选择		5			
		切削用量选择		5			
2	工件加工(50)	用试切法对刀		5			
		工件质量(45)	110	2×5			
			$60^0_{-0.062}$	5			
			$50^0_{-0.062}$	5			
			8±0.075	5			
			$Φ90^0_{-0.087}$	5			
			$Φ90^{+0.087}_0$	5			
			$25^{+0.033}_0$	5			
			$5^{+0.075}_0$	5			
3	其他(10)	文明生产		3			
		安全生产		2			
		工件完整度		5	形状不完整全扣		
		按时完成		每超时 3 分钟扣 1 分			
		合计		100			

5.5　注意事项

在数控加工过程中,尽可能选用少的刀具完成轮廓的加工,这样可以大大提高加工效率,减少换刀等辅助时间。但也不能一概而论,有时选用的刀具过小,造成走刀次数增多,底面加工质量差,从而得不偿失。

铣削加工,应注意综合考虑下刀点位置,尤其是走刀空间较小的情况下,更加要考虑走刀路径,防止轮廓过切。

5.6　相关知识

刀具半径补偿功能(G41/G42)除了使编程人员直接按轮廓编程,简化了编程工作外,在实际加工中还有许多其他方面的应用。

5.6.1 采用同一段程序,对零件进行粗、精加工

在粗加工时,将偏置量设为 $D = R + \boxed{\doteq\,0.04\,|A|B}$,其中 R 为刀具的半径,$\boxed{\doteq\,0.04\,|A|B}$ 为精加工余量,这样在粗加工完成后,形成的工件轮廓的加工尺寸要比实际轮廓每边都大 $\boxed{\doteq\,0.04\,|A|B}$。在精加工时,将偏置量设为 $D = R$,这样,零件加工完成后,即得到实际加工轮廓。同理,当工件加工后,如果测量尺寸比图纸要求尺寸大时,也可用同样的办法进行修正解决。

$$
刀具精加工补偿公式计算
\begin{cases}
①D_{精} = D_{刀具} \pm \Delta_{修正} \\
②\Delta_{修正} = \dfrac{D_{理论} - D_{实测}}{2}
\end{cases}
$$

说明。

"＋":当外轮廓时。

"－":当内轮廓时。

例:若加工圆台尺寸 Φ60,所给刀具半径补偿为 6.1mm,铣刀为 Φ12,理论上 $D_{理} = 60.2\text{mm}$,实测 $D_{实测} = 60.24\text{mm}$ 则,$\Delta_{修正} = \dfrac{60.2 - 60.24}{2} = -0.02\text{mm}$,$D_{理} = 60.2\text{mm}$,检验上交。

5.6.2 采用同一程序段,加工同一公称直径的凸、凹型面

对于同一公称直径的凸、凹型面,内外轮廓编写成同一程序,在加工外轮廓时,将偏置量设为＋D,刀具中心将沿轮廓的外侧切削;当加工内外轮廓时,将偏置量设为－D,这时刀具中心将沿轮廓的内侧切削。这种编程与加工方法,在模具加工中运用较多。本例就采用该方法。

考虑本例薄壁件,内外轮廓有偏置距离,且正好是薄壁件的厚度,则最后刀具半径补偿为 $-[D_{刀具} + 薄壁件厚 + \Delta_{修正}]$。

项目六 双模加工

6.1 项目目标

(1)掌握主子程序指令调用格式运用。

(2)掌握子程序设计的一半规律。

(3)按图纸要求完成零件加工。

6.2 零件图及工量具清单

6.2.1 零件图

零件图如图 2-6-1 所示：

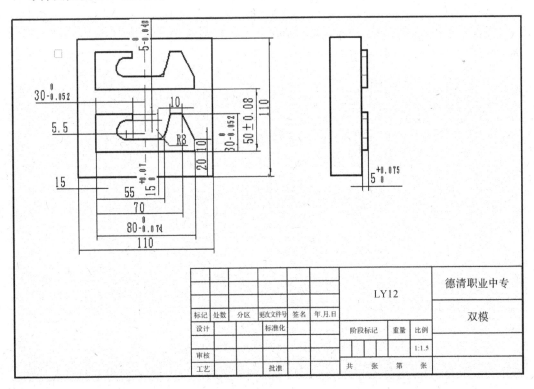

图 2-6-1 零件图

6.2.2 工量具清单

工量具清单如表 2-6-1 所示：

表 2-6-1　工量具清单

序号	名称	规格	精度	数量
1	游标卡尺	0～150	0.02	1 把
2	游标深度尺	0～200	0.02	1 把
3	百分表及表座	0～10	0.01	1 个
4	平行垫铁			若干副
5	机用平口钳			1 台
6	橡胶榔头			1 个
7	呆扳手			若干把

6.3　工艺方案

6.3.1 加工路线

(1)利用 Φ16 立铣刀粗加工双模板，侧面留 0.2mm 余量。

(2)利用 Φ16 立铣刀精加工双模板至要求尺寸。

6.3.2 刀具与合理的

刀具与合理的如表 2-6-1 所示：

表 2-6-2　刀具与合理的切削用量

刀具号	刀具规格	工序内容	mm/min	a_p/mm	r/min
T01	Φ16	加工双模板，留 0.2mm 的余量	80		800
T02	Φ14	精加工双模板	150		100

6.4　评分表

评分表如表 2-6-3 所示：

表 2-6-3　评分表

序号	鉴定项目及标准			配分	检验结果	得分
1	工艺准备(40)	工艺编制		10		
		程序编制及输入		15		
		工件装夹		5		
		刀具选择		5		
		切削用量选择		5		
2	工件加工(50)	用试切法对刀		5		
		工件质量(45)	110	3		
			$2-30^{0}_{-0.052}$	2×5		
			50 ± 0.08	5		
			$80^{0}_{-0.074}$	5		
			$15^{+0.07}_{0}$	5		
			$5^{0}_{-0.048}$	5		
			10	3		
			20	3		
			15	3		
			70	3		
3	其他(10)	文明生产		3		
		安全生产		2		
		工件完整度		5	形状不整全扣	
		按时完成		每超时3分钟扣1分		
		合计		100		

6.5　相关知识

6.5.1　子程序的概念

把程序中某些固定顺序和重复出现的程序单独抽出来,按一定格式编成一个程序供调用,这个程序就是常说的子程序,这样可以简化主程序的编制。子程序可以被主程序调用,同时子程序也可以调用另一个子程序。

6.5.2 子程序的格式

%xxxx

N1000 ＿＿＿＿＿＿

N1010 ＿＿＿＿＿＿

N1020 ＿＿＿＿＿＿

N1030 ＿＿＿＿＿＿

N1040　M99

在子程序的开头,继"%"之后规定子程序号,子程序号由4位数字组成,前边的"0"可省略,如"%0011"可写成"%11"。M99为子程序结束指令。M99不一定要独立占用一个程序段,如G00　X_Y_Z_M99也是可以的。

6.5.3 子程序的调用

调用子程序的格式为:

M98　Pxxxx　Lxxxx

其中M98是调用子程序指令,地址P后面的4位数字为子程序号,地址L为重复调用次数,若调用次数为"1"可省略不写,系统允许调用次数为9999次。

主程序调用某一子程序需要在M98后面写上对应的子程序号,如调用的子程序%1010,则主程序段中要写"M98　P1010"。

6.5.4 子程序的执行过程

以下列程序为例说明子程序的执行过程:

程序文件0001

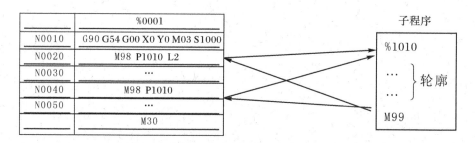

图2-6-2　主程序的执行

主程序执行到N0020时就调用执行%1010子程序,重复执行两次后,返回主程序,继续执行N0020后面的程序段,在N0040时再次调用P1010子程序一次,返回时又继续执行N0050及其后面程序。当一个子程序调用另一个子程序时,其执行过程同上。

6.5.5 程序应用举例

例:一次装夹加工多个相同零件或一个零件有重复加工部分的情况下可使用子程序。每次调用子程序时的坐标系、刀具半径补偿值、坐标位置、切削用量等可根据情况改变,甚至对子程序进行镜像、缩放、旋转、拷贝等。

如图 2-6-3 所示,加工两个工件,编制程序。Z 轴开始点为工件上方 100mm 处,切深 10mm。

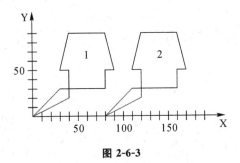

图 2-6-3

%0001

G90　G54　G00　X0　Y0　S1000　M03

Z100

M98　P100

G90　G00　X80

M98　P100

G90　G00　X0　Y0

M05

M30

%100

G91　G00　Z-95

G41　X40　Y20　D01

G01　Z-15　F100

Y30

X—10

X10　Y30

X40

X10Y—30

X—10

Y—20

X—50

G00　Z110

G40　X—30　Y—30

M99

项目七 槽轮板

7.1 项目目标

(1)掌握凹槽加工工艺,合理选择刀具与切削用量。

(2)掌握坐标系旋转指令与编程;

7.2 零件图及工量具清单

7.2.1 零件图

零件图如图 2-7-1 所示:

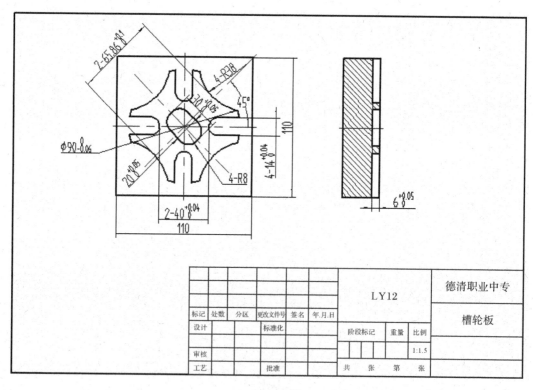

图 2-7-1 零件图

7.2.2 工量具清单

工量具清单如表 2-7-1 所示：

表 2-7-1 工量具清单

序号	名称	规格	精度	数量
1	Z轴设定器	50	0.01	1个
2	游标卡尺	0～150	0.02	1把
3	游标深度尺	0～200	0.02	1把
4	R规	R7～R14.5		1套
5	百分表及表座	0～10	0.01	1副
6	平行垫块			2块
7	盘铣刀	Φ80		1把
8	键槽铣刀	Φ12		各1把
9	立铣刀	Φ12、Φ8		各1把
10	装卸刀扳手			1副
11	平口钳			1副

7.3 工艺方案

7.3.1 工装

本例采用平口钳装夹的方法,底部用垫块垫起。

7.3.2 加工路线

(1)铣削坯料上表面,并保证总厚度20mm。

(2)粗、精铣削 Φ90 外圆和内型腔长方形。

①用 Φ12 立铣刀粗铣 Φ90 外圆,深度 5.9mm,侧面留 0.2mm 余量。

②用 Φ12 立铣刀粗铣内型腔长方形,深度 5.9mm,侧面留 0.2mm 余量。

③用 Φ8 立铣刀精铣 Φ90 外圆及长方形至要求尺寸。

(3)粗、精铣削十字形凹槽。

①用 Φ12 键槽铣刀粗铣十字形凹槽,深度 5.9mm,侧面留 0.2mm 余量。

②用 Φ8 立铣刀精铣十字形凹槽至要求尺寸。

7.3.3 刀具与合理的切削用量

刀具与合理的切削用量如表 2-7-2 所示：

表 2-7-2 刀具与合理的切削用量

刀具号	刀具规格	工序内容	mm/min	a_p/mm	r/min
T01	Φ80 盘铣刀	铣削上表面	80		700
T02	Φ12 立铣刀	粗铣 Φ45 外圆和内型腔长方形	60		1200

续　表

刀具号	刀具规格	工序内容	mm/min	a_p/mm	r/min
T03	Φ8 立铣刀	精铣 Φ45 外圆和内型腔长方形			1500
T04	Φ12 键槽铣刀	粗铣十字形凹槽			1200
T05	Φ8 立铣刀	精铣十字形凹槽			1500

7.4　评分表

评分表如表 2-7-3 所示：

表 2-7-3　评分表

序号	鉴定项目及标准			配分	检验结果	得分	备注
1	工艺准备(40)	工艺编制		10			
		程序编制及输入		15			
		工件装夹		5			
		刀具选择		5			
		切削用量选择		5			
2	工件加工(50)	用试切法对刀		5			
		工件质量(45)	110	4			
			$2-40_0^{+0.04}$	3×2			
			$4-14_0^{+0.04}$	2×4			
			4—R38	1×4			
			$Φ90_{-0.06}^{0}$	6			
			4—R8	1×4			
			20	4			
			$6_0^{+0.05}$	5			
			16	4			
3	其他(10)	文明生产		3			
		安全生产		2			
		工件完整度		5	形状不完整全扣		
		按时完成		每超时3分钟扣1分			
		合计		100			

7.5 相关知识

坐标系旋转指令 G68、G69

格式 G17 G68 X___ Y___ P___

G18 G68 X___ Z___ P___

G19 G68 Y___ Z___ P___

M98 P_

G69

说明:

G68:建立旋转

G69:取消旋转

X、Y、Z:旋转中心的坐标值

P:旋转角度单位是(°),0≤P≤360

在有刀具补偿的情况下先旋转后刀具半径补偿、长度补偿,在有缩放功能的情况下,先缩放后旋转。

G68、G69 为模态指令,可相互注销,G69 为缺省值。

例:使用旋转功能编制如图 2-7-2 所示轮廓的加工程序:

设刀具起点距工件上表面 50mm,切削深度 5mm。

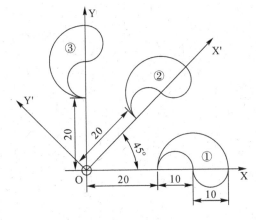

图 2-7-2 轮廓加工

```
%0068    主程序
N10   G92   X0   Y0   Z50
N15   G90   G17   M03   S600
N20   G43   Z—5   H02
N25   M98   P200                        加工
N30   G68   X0   Y0   P45               旋转  45
N40   M98   P200                        加工
```

| N60 | G68 | X0 | Y0 | P90 | 旋转 90 |
| N70 | M98 | P200 | | | 加工 |

N20　G49　Z50

N80　G69　M05　M30　　　　取消旋转

%200　　　　　　　　　　　子程序(的加工程序)

N100　G41　G01　X20　Y—5　D02　F300

N105　Y0

N110　G02　X40　I10

N120　X30　I—5

N130　G03　X20　I—5

N140　G00　Y—6

N145　G40　X0　Y0

N150　M99

项目八　特殊板

8.1　项目目标

(1)掌握特殊板加工工艺,合理选择刀具与切削用量。
(2)掌握镜像指令与编程。

8.2　零件图及工量具清单

8.2.1 零件图

零件图如图 2-8-1 所示:

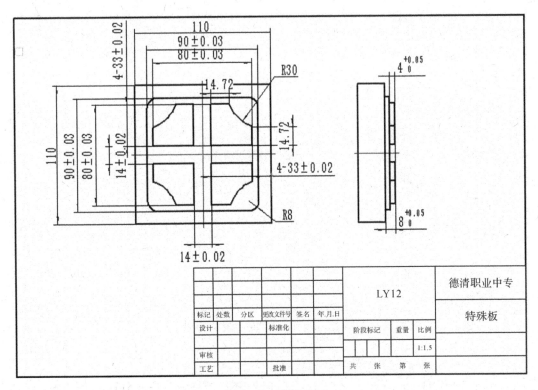

图 2-8-1　零件图

8.2.2 工量具清单

工量具清单如表 2-8-1 所示:

表 2-8-1 工量具清单

序号	名称	规格	精度	数量
1	Z 轴设定器	50	0.01	1 个
2	游标卡尺	0~150	0.02	1 把
3	游标深度尺	0~200	0.02	1 把
4	R 规	R7~R14.5		1 套
5	百分表及表座	0~10	0.01	1 副
6	平行垫块			2 块
7	盘铣刀	Φ80		1 把
8	立铣刀	Φ12、Φ8		各 1 把
9	装卸刀扳手			1 副
10	平口钳			1 副

8.3 工艺方案

8.3.1 工装

本例采用平口钳装夹的方法,底部用垫块垫起。

8.3.2 加工路线

(1)铣削坯料上表面。

(2)粗铣外轮廓 90×90 方形和 4 个特殊块。

①用 Φ12 立铣刀粗铣外轮廓 90×90 方形,深度 7.9mm,侧面留 0.2mm 余量。

②用 Φ12 立铣刀粗铣 4 个特殊块,深度 3.9mm,侧面留 0.2mm 余量。

(3)精铣 90×90 方形和 4 个特殊块,用 Φ8 立铣刀精铣 90×90 方形和 4 个特殊块至要求尺寸。

8.3.3 刀具与合理的切削用量

刀具与合理的切削用量如表 2-8-2 所示:

表 2-8-2 刀具与合理的切削用量

刀具号	刀具规格	工序内容	mm/min	a_p/mm	r/min
T01	Φ80 盘铣刀	铣削上表面	80		700
T02	Φ12 立铣刀	粗铣 90×90 方形和 4 个特殊块	60		1200
T03	Φ8 立铣刀	精铣 90×90 方形和 4 个特殊块	150		1500

8.4　评分表

评分表如表 2-8-3 所示：

表 2-8-3　评分表

序号	鉴定项目及标准			配分	检验结果	得分	备注
1	工艺准备(40)	工艺编制		10			
		程序编制及输入		15			
		工件装夹		5			
		刀具选择		5			
		切削用量选择		5			
2	工件加工(50)	用试切法对刀		5			
		工件质量(45)	110	3			
			90 ± 0.03	3×2			
			80 ± 0.03	3×2			
			14 ± 0.02	2×4			
			$4-33\pm0.02$	2×4			
			$4-R30$	0.5×4			
			$4-R8$	0.5×4			
			$4_0^{+0.05}$	5			
			$8_0^{+0.05}$	5			
3	其他(10)	文明生产		3			
		安全生产		2			
		工件完整度		5	形状不完整全扣		
		按时完成		每超时 3 分钟扣 1 分			
		合计		100			

8.5　相关知识

镜像功能：G24　G25。

格式：G24　X＿＿＿Y＿＿＿Z＿＿＿A＿＿＿。

M98　P＿＿＿。

G25　X＿＿＿Y＿＿＿Z＿＿＿A＿＿＿。

说明。

G24：建立镜像。

G25:取消镜像。

X、Y、Z、A:镜像位置。

当工件相对于某一轴具有对称形状时,可以利用镜像功能和子程序,只对工件的一部分进行编程,而能加工出工件的对称部分,这就是镜像功能。当某一轴的镜像有效时,该轴执行与编程方向相反的运动。

G24、G25:为模态指令,可相互注销,G25 为缺省值。

例:使用镜像功能编制如图 2-8-2 所示轮廓的加工程序。

设刀具起点距工件上表面 100mm,切削深度 5mm。

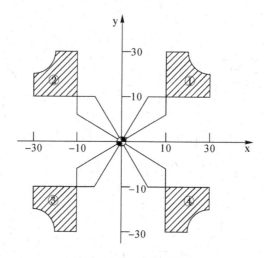

图 2-8-2　镜像功能

％0024	主程序
G92　X0　Y0　Z0	
G91　G17　M03　S600	
M98　P100	加工①
G24　X0	Y 轴镜像　镜像位置为　X＝0
M98　P100	加工②
G24　Y0	X、Y 轴镜像,镜像位置为(0　0)
M98　P100	加工③
G25　X0	X 轴镜像继续有效,取消 Y 轴镜像
M98　P100	加工④
G25　Y0	取消镜像
M30	
％100	子程序(①②③④的加工程序)
N100　G41　G00　X10　Y4　D01	
N120　G43　Z—98　H01	
N130　G01　Z—7　F300	

N140   Y26

N150   X10

N160   G03   X10   Y—10   I10   J0

N170   G01   Y—10

N180   X—25

N185   G49   G00   Z105

N200   G40   X—5   Y—10

N210   M99

项目九　多重轮廓板

9.1　项目目标

(1)掌握缩放功能的格式及编程。

(2)掌握缩放功能在编程中的合理运用。

(3)理解缩放功能在建立刀具半径补偿及控制不同深度时的注意事项。

9.2　零件图及工量具清单

9.2.1　零件图

零件图如图 2-9-1 所示：

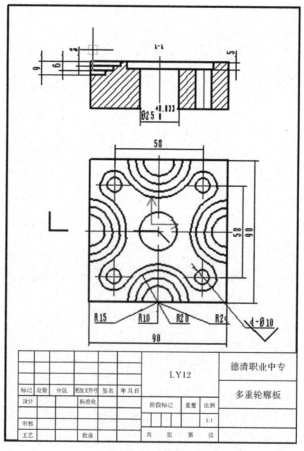

图 2-9-1　零件图

9.2.2 工量具清单

工量具清单如表 2-9-1 所示：

表 2-9-1　工量具清单

序号	名称	规格	精度	数量
1	Z 轴设定器	50	0.01	1 个
2	游标卡尺	0～150	0.02	1 把
3	游标深度尺	0～200	0.02	1 把
4	R 规	R7～R14.5		1 套
5	百分表及表座	0～10	0.01	1 副
6	平行垫块			2 块
7	盘铣刀	Φ80		1 把
9	立铣刀	Φ16、Φ8		1 把
10	钻头	Φ9.8		各 1 个
11	机用铰刀	Φ10		1 把
12	装卸刀扳手			1 副
13	平口钳			1 副
14	角度尺			1 把

9.3　工艺方案

9.3.1 工装

本例采用平口钳装夹的方法，底部用垫块垫起。

9.3.2 加工路线

(1)铣削坯料上表面，并保证总厚度 20mm。

(2)用 Φ16 立铣刀，运用缩放指令 G51，配合 G41 左刀具半径补偿(逆时针走刀)粗精铣 R10、R15、R20 半圆，深度分别为 3mm、6mm、9mm，利用刀具半径补偿保证尺寸至精度要求。(为提高编程效率，也可配合旋转指令同时加工所有 R10、R15、R20 半圆)

(3)用 Φ16 立铣刀，采用粗精铣，铣削通孔 Φ25 圆至精度要求。

(4)用 Φ8 立铣刀，运用 G41 左刀具半径补偿(逆时针走刀)粗精铣内型腔，深度 5mm，利用左刀具半径补偿保证尺寸至精度要求。(为提高编程效率，同样也可配合旋转指令加工，但此轮廓为连续形，使用会存在连接节点问题，故不太合适)

(5)用 Φ9.8 钻头，配合钻孔指令，加工 4—Φ9.8 孔。

(6)用 Φ10 机用铰刀，铰削 4—Φ10 孔至精度要求。

9.3.3 刀具与合理的切削用量

刀具与合理的切削用量如表 2-9-2 所示:

表 2-9-2 刀具与合理的相关用量

刀具号	刀具规格	工序内容	mm/min	a_p/mm	r/min
T01	Φ80 盘铣刀	铣削上表面	80		700
T02	Φ16 立铣刀	粗精铣 R10、R15、R20 半圆	60		1200
T02	Φ16 立铣刀	铣削通孔 Φ25 圆			1500
T03	Φ8 立铣刀	粗精铣内型腔			1200
T04	Φ9.8 钻头	加工 4—Φ9.8 孔			1500
T05	Φ10 机用铰刀	铰削 4—Φ10 孔			1200

9.4 评分表

评分表如表 2-9-3 所示:

表 2-9-3 评分表

序号	鉴定项目及标准			配分	检验结果	得分	备注
1	工艺准备(40)	工艺编制		10			
		程序编制及输入		15			
		工件装夹		5			
		刀具选择		5			
		切削用量选择		5			
2	工件加工(50)	用试切法对刀		5			
		工件质量(45)	90	3			
			58	3			
			4—R10	1×4			
			4—R15	1×4			
			4—R20	2×4			
			4—R25	2×4			
			$Φ25_0^{+0.033}$	3			
			3	3			
			6	3			
			9	3			
			5	3			

续　表

序号	鉴定项目及标准		配分	检验结果	得分	备注
3	其他 (10)	文明生产	3			
		安全生产	2			
		工件完整度	5	形状不完 整全扣		
		按时完成	每超时 3 分 钟扣 1 分			
		合计	100			

9.5　相关知识

缩放功能 G50、G51。

格式：G51　X_Y_Z_P_；

　　　⋮

　　　G50。

格式中。

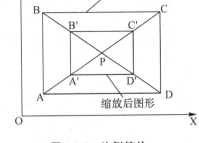

图 2-9-2　比例缩放

G51：建立缩放。

G50：取消缩放。

X、Y、Z：缩放中心的坐标值。

P：缩放倍数。

在 G51 后，运动指令的坐标值以（X,Y,Z）为缩放中心，按 P 规定的缩放比例进行计算，如图 2-9-2 所示。在有刀具补偿的情况下，先进行缩放，然后才进行刀具半径补偿、刀具长度补偿。

G51 既可指定平面缩放，也可指定空间缩放。

G51、G50 为模态指令，可相互注销，G50 为缺省值。

应用举例：编制如图 2-9-3 所示轮廓加工程序，已知刀具其始点位置为（0,0,100）。

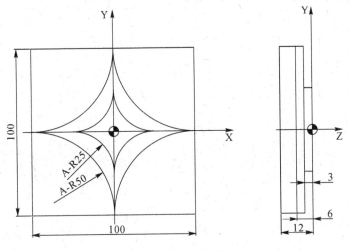

图 2-9-3　轮廓加工程序

参考程序：

程 序	说 明
O24；	主程序
G90　G54　G00　Z100；	加工前准备指令
X0　Y0；	快速定位到工件零点位置
S600　M03	主轴正转
X60　Y—20；	快速定位到起刀点位置
Z5；	快速定位到安全高度
M08；	冷却液开
M98　P100；	加工 4—R50 轮廓
G51　X0　Y0　P0.5	缩放中心为(0,0),缩放因子为0.5
M98　P100；	加工 4—R25 轮廓
G50；	缩放功能取消
M09；	冷却液关
M05；	主轴停
M30；	程序结束
O100；	子程序(4—R50 轮廓加工轨迹)
G90　G01　Z—5　F120；	切削进给
G41　Y0　D01；	建立刀具半径补偿
X50；	直线插补
G03　X0　Y—50　R50；	圆弧插补
X—50　Y0　R50；	圆弧插补
X0　Y50　R50；	圆弧插补
X50　Y0　R50；	圆弧插补
G01　X60；	直线插补
G40　Y10；	取消刀具半径补偿
G00　Z5；	快速返回到安全高度
X0　Y0；	返回到程序原点
M99；	子程序结束

知识点：

· 在单独程序段指定 G51 指令时,比例缩放后必须用 G50 指令取消;

· 比例缩放功能不能缩放偏置量。例如,刀具半径补偿量、刀具长度补偿量等。如图 2-9-4 所示,图形缩放后,刀具半径补偿量不变。

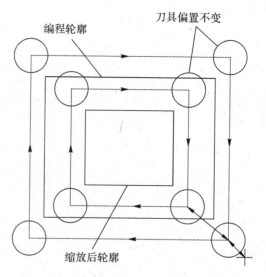

图 2-9-4　图形缩放与刀具偏置量的关系

项目十　圆弧连接板加工

10.1　项目目标

(1)能对圆弧形腔轮廓进行切入切出分析。

(2)掌握刀具半径补偿控制加工精度。

(3)掌握控制形位公差的方法与技巧。

10.2　零件图及工量具清单

10.2.1 零件图

零件图如图 2-10-1 所示：

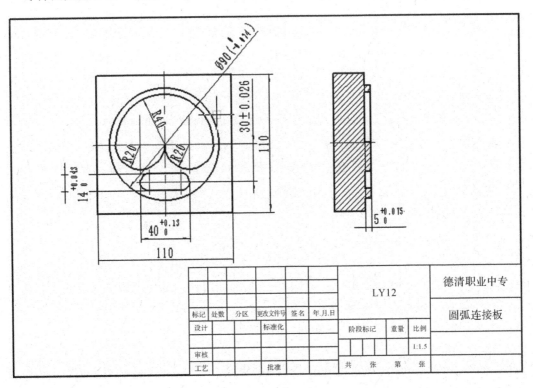

图 2-10-1　零件图

10.2.2 工量具清单

工量具清单如表 2-10-1 所示：

表 2-10-1 工量具清单

序号	名称	规格	精度	数量
1	游标卡尺	0～150	0.02	1 把
2	游标深度尺	0～200	0.02	1 把
3	百分表及表座	0～10	0.01	1 个
4	平行垫铁			若干副
5	机用虎钳	QH160		1 台
6	橡胶榔头			1 个
7	呆扳手			若干把

10.3 工艺方案

10.3.1 工装

本例采用机用平口钳装夹的方法,底部用垫块垫起。

10.3.2 工艺分析

零件几何特点:该零件主要由圆柱凸台、圆弧连接型腔和键槽型腔等组成,其几何形状为平面二维图形,零件的外轮廓为圆形,尺寸为 $\Phi90$,零件外形为方形,未注公差,工件上表面粗糙度为 Ra3.2,同时还应注意零件的圆柱度要求和对称度要求,需采用粗、精加工。注意加工工序。

10.3.3 加工步骤及工序

(1)用虎钳装夹毛坯,伸出表面 10mm 左右。

(2)用 $\Phi16$ 立铣刀粗、精铣工件上表面,作为工件的测量基准。

(3)用 $\Phi12$ 立铣刀粗、精铣 $\Phi90$ 外圆柱和 110mm×110mm 外轮廓。

(4)使用 $\Phi12$ 键槽刀粗、精铣圆弧连接型腔。

(5)使用 $\Phi10$ 键槽刀粗、精铣键槽。

10.3.4 刀具与合理的切削用量

刀具与合理的切削用量如表 2-10-2 所示：

表 2-10-2　刀具与合理的切削用量

刀具号	刀具规格	工序内容	mm/min	a_p/mm	r/min
T01	Φ12	外轮廓去余量，留 0.2mm 的余量	60		800
T02	Φ12	外轮廓的精加工	120	0.4	1000
T03	Φ12	粗精铣圆弧内型腔加工	粗 100 精 150		1000
T04	Φ10	粗精铣削键槽	粗 80 精 150		1200

10.4　评分表

评分表如表 2-10-3 所示：

表 2-10-3　评分表

序号	鉴定项目及标准			配分	检验结果	得分	备注
1	工艺准备(40)	工艺编制		10			
		程序编制及输入		15			
		工件装夹		5			
		刀具选择		5			
		切削用量选择		5			
2	工件加工(50)	用试切法对刀		5			
		工件质量(45)	110	2×4			
			$Φ90_{-0.024}^{0}$	5			
			$40_{0}^{+0.013}$	5			
			$14_{0}^{+0.043}$	5			
			30±0.026	5			
			2-R20	2×4			
			R40	4			
			$5_{0}^{+0.075}$	5			
3	其他(10)	文明生产		3			
		安全生产		2			
		工件完整度		5	形状不完整全扣		
		按时完成		每超时3分钟扣1分			
		合计		100			

10.5 相关知识

问题的提出：

加工工序如何安排？先加工什么后加工什么？

切入切出方式的确立？

刀具半径补偿在各轮廓加工中的补偿问题以及加工精度如何保证？

问题的解决：

10.5.1 工艺安排

原则：先面后孔，先外后内，先基准后辅面。

10.5.2 工序步骤

(1)先铣平面，用程序实现

<师>给出程序轨迹图，如图 2-10-2 所示，确立 ΔY、ΔL 以及计算循环次数 L。

<生>编制程序

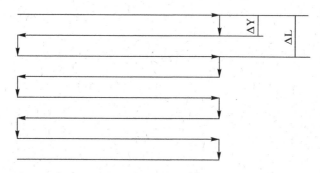

图 2-10-2 程序轨迹

(2)对刀，先对 X，Y，后对 Z，工作坐标系的确立，如图 2-10-3 所示。

(3)加工外圆轮廓。

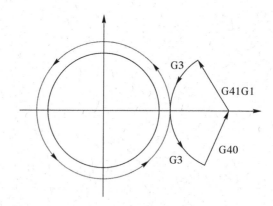

图 2-10-3 确定坐标系

(4)加工内型腔内圆弧连接轮廓，如图 2-10-4 所示。

<分析>

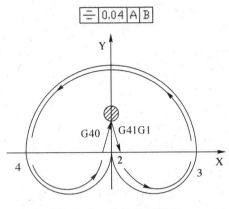

图 2-10-4　加工连接轮廓

<师>找出图 2-10-4 中不光滑连接的切点?

<生>2 点。

<师>大家看图 2-10-4 中,若加上刀具半径补偿后,图形中刀路轨迹是什么样的呢?

<生>回答,在黑板上画出,如图 2-10-5 所示。

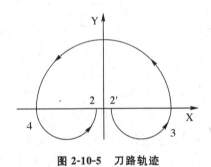

图 2-10-5　刀路轨迹

<教师总结>如图 2-10-5,刀补加上后,该点不重合了,原因是该点是拐点,不光滑连续,所以要选择该点作为轮廓的起始点,引入直线切入,引出直线切出。

(5)加工键槽,保证尺寸精度。

<分析>

方法有两种 { ①用键槽铣刀直接保证键槽宽度,铣刀直径用 Φ14。
②用轮廓铣削方式保证精度。

加工方式一,如图 2-10-6 所示:

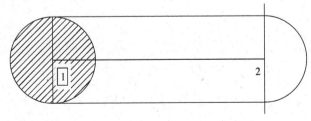

图 2-10-6　加工方式一

加工方式二,如图 2-10-7 所示:

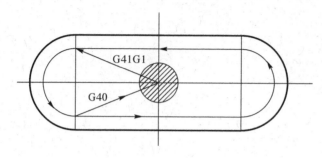

图 2-10-7 加工方式二

<师>用哪种方式加工更合适? 为什么?

<生>学生 1:用方式一,加工轨迹简单,一刀成型。

学生 2:用方式二,加工能够保证尺寸准确。

<教师总结>如果键槽没有具体尺寸要求,也没有相应的技术要求,就是简单地发挥机械定位作用,可以直接用刀具成型加工,即方式一;如果精度要求非常高,则必须采用铣削轮廓走刀加工,利用刀具补偿实现粗精加工,即方式二。

10.5.3 精度检验及尺寸保证

<分析>

$$刀具精加工补偿公式计算\begin{cases} ①D_{精}=D_{刀具}\pm\Delta_{修正} \\ ②\Delta_{修正}=\dfrac{D_{理论}-D_{实割}}{2} \end{cases}$$

若加工圆台尺寸 Φ90,所给刀具补偿为 6.1mm,铣刀为 Φ12,理论上 $D_{理}=90.20$mm,实测 $D_{实测}=90.24$mm,则 $\Delta_{修正}=\dfrac{90.20-90.24}{2}=-0.02$mm。

项目十一 孔加工固定循环

11.1 项目目标

(1)掌握 G73 与 G83 孔加工固定循环指令与编程。

(2)正确选择各类孔加工的方法和使用的刀具。

(3)正确选择各类孔加工的固定循环指令。

11.2 零件图及工量具清单

11.2.1 零件图

零件图如图 2-11-1 所示：

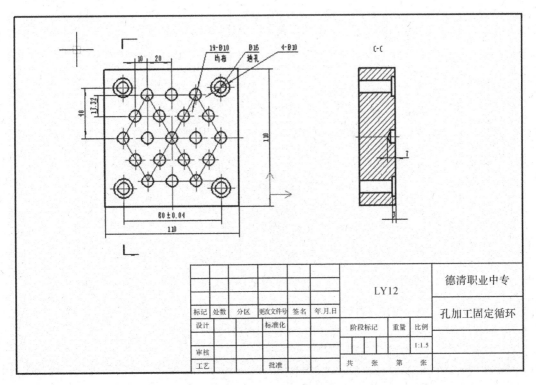

图 2-11-1 零件图

11.2.2 工量具清单

工量具清单如表 2-11-1 所示：

表 2-11-1 工量具清单

序号	名称	规格	精度	数量
1	Z 轴设定器	50	0.01	1 个
2	游标卡尺	0～150	0.02	1 把
3	游标深度尺	0～200	0.02	1 把
4	平口钳			1 副
5	百分表及表座	0～10	0.01	1 副
6	平行垫块			2 块
7	盘铣刀	Φ80		1 把
8	立铣刀	Φ12、Φ8		各 1 把
9	中心钻	Φ3		1 把
10	麻花钻	Φ10、Φ9.8		1 把
12	机用铰刀	Φ10		1 把
11	装卸刀扳手			1 副

11.3 工艺方案

11.3.1 工装

本例采用平口钳装夹的方法,底部用垫块垫起。

11.3.2 加工路线

(1)铣削坯料上表面。

(2)用 Φ12 立铣刀铣削 4 个 Φ16 台阶孔,深度 3mm。

(3)用 Φ9.8 麻花钻钻削 4 个 Φ9.8 台阶通孔。

(4)用 Φ10 麻花钻钻削 19—Φ10 孔(盲孔)。

(5)用 G81 铰削 Φ10 台阶通孔至要求尺寸。

11.3.3 刀具与合理的切削用量

刀具与合理的切削用量如表 2-11-2 所示：

表 2-11-2 刀具与合理的切削用量

刀具号	刀具规格	工序内容	mm/min	a_p/mm	r/min
T01	Φ80 盘铣刀	铣削上表面	80		700
T02	Φ12 立铣刀	铣削 4 个 Φ16 台阶孔		60	1200
T03	Φ10 机用铰刀	铰削 Φ10 台阶通孔			1500

11.4 评分表

评分表如表 2-11-3 所示：

表 2-11-3 评分表

序号	鉴定项目及标准		配分	检验结果	得分	备注
1	工艺准备(40)	工艺编制	10			
		程序编制及输入	15			
		工件装夹	5			
		刀具选择	5			
		切削用量选择	5			
2	工件加工(50)	用试切法对刀	5			
		工件质量(45) 110	3			
		80±0.04	3			
		10	3			
		20	3			
		19—Φ10 均布	1×19			
		4—Φ16	1×4			
		4—Φ10	1×4			
		20	3			
		3	3			
3	其他(10)	文明生产	3			
		安全生产	2			
		工件完整度	5	形状不完整全扣		
		按时完成	每超时3分钟扣1分			
		合计	100			

11.5 相关知识

数控加工中,某些加工动作循环已经典型化。例如钻孔、镗孔的动作是孔位平面定位、快速引进、工作进给、快速退回等。这样一系列典型的加工动作已经预先编好程序,在内存中可用称为固定循环的一个 G 代码程序段调用,从而简化编程工作。

孔加工固定循环指令有 G73、G74、G76、G80、G89,通常由下述 6 个动作构成,如图 2-11-2 所示。

(1)X、Y 轴定位。

（2）定位到 R 点（定位方式取决于上次是 G00 还是 G01）。

（3）孔加工。

（4）在孔底的动作。

（5）退回到 R 点（参考点）。

（6）快速返回到初始点。

固定循环的数据表达形式可以用绝对坐标（G90）和相对坐标（G91）。如图 2-11-3 所示，其中图 2-11-3(a)是采用 G90 的表示，图 2-11-3(b)是采用 G91 的表示。

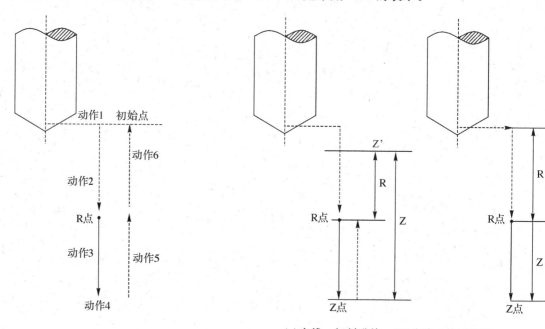

（a）实线—切削进给　（b）虚线—快速进给

图 2-11-2　固定循环动作

图 2-11-3　固定循环的数据形式

固定循环的程序格式包括数据形式、返回点平面、孔加工方式、孔位置数据、孔加工数据和循环次数，数据形式（G90 或 G91）在程序开始时就已指定，因此，在固定循环程序格式中可不注出。

固定循环的程序格式如下

$$\begin{Bmatrix} G98 \\ G99 \end{Bmatrix} G\_X\_Y\_Z\_R\_Q\_P\_I\_J\_K\_F\_L\_。$$

说明。

G98：返回初始平面。

G99：返回 R 点平面。

G_：固定循环代码 G73，G74，G76 和 G81～G89 之一。

X、Y：加工起点到孔位的距离（G91）或孔位坐标（G90）。

R：初始点到 R 点的距离（G91）或 R 点的坐标（G90）。

Z：R 点到孔底的距离（G91）或孔底坐标（G90）。

Q:每次进给深度(G73/G83)。

I、J:刀具在轴反向位移增量(G76/G87)。

P:刀具在孔底的暂停时间。

F:切削进给速度。

L:固定循环的次数。

G73、G74、G76 和 G81～G89、Z、R、P、F、Q、I、J、K 是模态指令。G80、G01～G03 等代码可以取消固定循环。

(1)G73:高速深孔加工循环。

说明: $\begin{Bmatrix} G98 \\ G99 \end{Bmatrix}$ G73X_Y_Z_R_Q_P_I_J_K_F_L。

Q:每次进给深度。

K:每次退刀距离。

G73 用于 Z 轴的间歇进给,使深孔加工时容易排屑,减少退刀量,可以进行高效率加工。

G73 指令动作循环如图 2-11-4 所示。

注意:

Z、K、Q 移动量为零时,该指令不执行。

例1:使用 G73 指令编制如图 2-11-4 所示深孔加工程序。设刀具起点距工件上表面 42mm,距孔底 80mm,在距工件上表面 2mm 处(R 点)由快进转换为工进,每次进给深度 10mm,每次退刀距离 5mm。

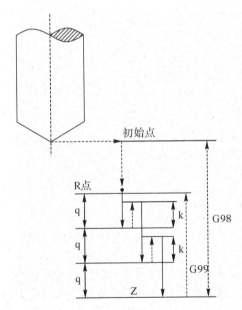

```
%0073
G92 X0 Y0 Z80
G00 G90 G98 M03 S600
G73 X100 R40 P2 Q-10 K5 Z0 F200
G00 X0 Y0 Z80
M05
M30
```

图 2-11-4 G73 指令动作图与 G73 编程

(2)G83:深孔加工循环。

格式: $\begin{Bmatrix} G98 \\ G99 \end{Bmatrix}$ G83 X_Y_Z_R_Q_P_K_F_L_。

说明。

Q：每次进给深度。

K：每次退刀后，再次进给时，由快速进给转换为切削进给时距上次加工面的距离。

G83 指令动作循环如图 2-11-5 所示。

注意：Z、K、Q 移动量为零时，该指令不执行。

例 2：使用 G83 指令编制如图 2-11-4 所示深孔加工程序。设刀具起点距工件上表面 42mm，距孔底 80mm，在距工件上表面 2mm 处（R 点）由快进转换为工进，每次进给深度 10mm，每次退刀后再由快速进给转换为切削进给时距上次加工面的距离 5mm。

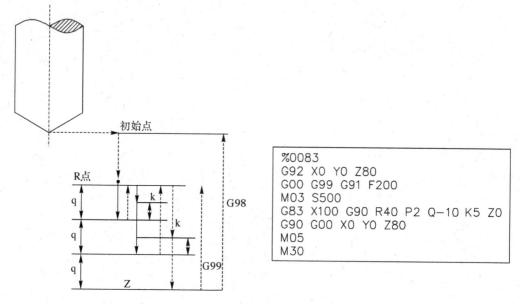

```
%0083
G92 X0 Y0 Z80
G00 G99 G91 F200
M03 S500
G83 X100 G90 R40 P2 Q-10 K5 Z0
G90 G00 X0 Y0 Z80
M05
M30
```

图 2-11-5　G83 指令动作图及 G83 编程

项目十二 宏倒圆角——爱心

12.1 项目目标

(1)熟悉华中数控宏的运用格式。

(2)掌握刀具宏加工运用。

(3)掌握函数控制轮廓编程技巧。

12.2 零件图及工量具清单

12.2.1 零件图

零件图如图 2-12-1 所示：

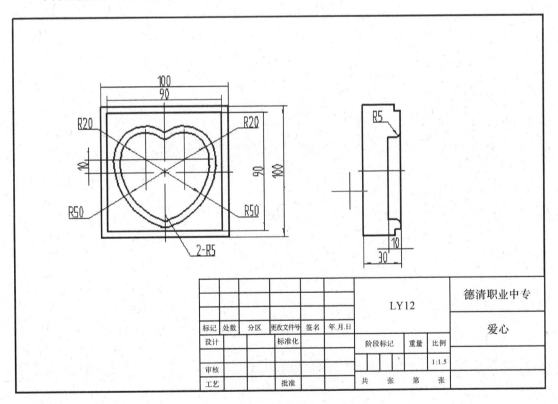

图 2-11-1 零件图

12.2.2 工量具清单

工量具清单如表 2-12-1 所示：

表 2-12-1　工量具清单

序号	名称	规格	精度	数量	
1	游标卡尺	0～150	0.02	把	1
2	游标深度尺	0～200	0.02	把	1
3	百分表及表座	0～10	0.01	个	1
4	平行垫铁	Φ16 立铣刀 Φ12 键槽 R5 球头刀		副	若干
5	机用虎钳	QH160		台	1
6	橡胶榔头			个	1
7	呆扳手			把	若干

12.3　工艺方案

12.3.1 工装

本例采用机用虎钳装夹的方法,底部用垫块垫起。

12.3.2 加工步骤及工序

(1)用机用虎钳装夹毛坯,伸出表面 10mm 左右。

(2)用 Φ16 立铣刀粗、精铣工件上表面,作为工件的测量基准。

(3)用 Φ16 立铣刀粗铣 90mm×90mm 外轮廓。

(4)使用 Φ12 键槽立铣刀粗、精铣圆弧连接型腔。

(5)使用 R5 球头刀,铣削 R5 圆弧。

12.3.3 刀具与合理的切削用量

刀具与合理的切削用量如表 2-12-2 所示：

表 2-12-2　刀具与合理的切削用量

刀具号	刀具规格	工序内容	mm/min	a_p/mm	r/min
T01	Φ16	外轮廓去余量, 留 0.2mm 的余量	60		400
T02	Φ16	外轮廓的精加工	120	0.4	500
T03	Φ12	圆弧连接型 腔粗精加工	粗 100 精 150		粗 1000 精 1300
T04	Φ5	铣削 R5 圆弧			2000

12.4　评分表

评分表如表 2-12-3 所示：

表 2-12-3　评分表

序号	鉴定项目及标准		配分	检验结果	得分	备注
1	工艺准备(40)	工艺编制	10			
		程序编制及输入	15			
		工件装夹	5			
		刀具选择	5			
		切削用量选择	5			
2	工件加工(50)	用试切法对刀	5			
		工件质量(45) 100	5			
		90	5			
		R50	5			
		R20	5			
		R5	5			
		10	5			
		10深	2×5			
		30深	5			
3	其他(10)	文明生产	3			
		安全生产	2			
		工件完整度	5	形状不完整全扣		
		按时完成	每超时 3 分钟扣 1 分			
		合计	100			

12.5　相关知识

12.5.1　宏程序编程

HNC-21M 除了具有子程序编程功能外,还配备了强有力的类似于高级语言的宏程序功能。编程人员可以使用变量进行算术运算、逻辑运算和函数的混合运算。此外,宏程序还提供了循环语句、分支语句和子程序调用语句,利于编制各种复杂的零件加工程序,减少乃至免除手工编程时进行烦琐的数值计算,精简了程序量。

为方便编程人员使用程序子编程和宏程序编程,HNC-21M 定义了如下宏变量、常量、运算符、函数与语句。

12.5.1.1 宏变量和常量

(1)宏变量

♯0~♯899为编程人员可使用变量,♯1000以后为非编程人员使用变量。

之所以定义多层局部变量,是因为 HNC-21M 的子程序可嵌套调用,每一层子程序都有自己独立的局部变量(变量个数为 50)。当前局部变量为♯0~♯49,第 1 层局部变量为♯200~♯249,第 2 层局部变量为♯250~♯299,第 3 层局部变量为♯300~♯349,等等。

(2)常量

常量有:PI 为圆周率;TRUE 为条件成立(真);FALSE 为条件不成立(假)。

12.5.1.2 运算符与表达式

(1)算术运算符

+;-;*;/。

(2)条件运算符

EQ(=);NE(≠);GT(>);GE(≥);LT(<);LE(≤)。

(3)逻辑运算符

AND(逻辑与);OR(逻辑或);NOT(逻辑非)。

(4)函数

SIN[X]:计算输入值 X(用弧度表示)的正弦值。

COS[X]:计算输入值 X(用弧度表示)的余弦值。

TAN[X]:计算输入值 X(用弧度表示)的正切值。

ATAN[X]:计算输入值 X(用弧度表示)的反正切值。

ATAN2[Y,X]:计算输入值 Y/X(用弧度表示)的反正切值。

ABS[X]:计算输入值 X 的绝对值。

INT[X]:求输入值 X 的整数部分。

SIGN[X]:求输入值 X 的符号。

SQRT[X]:计算输入值 X 的平方根。

EXP[X]:计算输入值 X 的指数值,即 E^X。

(5)表达式

用运算符连接起来的常数、宏变量构成表达式。

例如:175/SQRT[2] * COS[55 * PI/180];

　　　♯3 * 6　GT　14。

12.5.1.3 语句

(1)赋值语句

格式:宏变量=常数或表达式。

将常数或表达式的值送给一个宏变量称为赋值。

例如:♯2=175/SQRT[2] * COS[55 * PI/180];

　　　♯3=124.0。

(2)条件判别语句 IF,ELSE,ENDIF。

格式①:IF 条件表达式。

     ELSE

      …

    ENDIF

格式②：IF 条件表达式。

      …

     ENDIF

(3)循环语句 WHILE,ENDW。

格式：WHILE 条件表达式

   …

   ENDW

   …

  例：切圆台与斜方台,各自加工 3 个循环,要求倾斜 10°的斜方台与圆台相切,圆台在方台之上,圆台阶和方台阶高度均为 10mm,如图 2-12-2 所示。

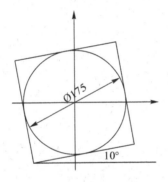

图 2-12-2   圆台与斜方台

%4028

#10＝10.0

#11＝10.0

#12＝124.0

#13＝124.0

N01 G92 X0.0 Y0.0 Z0.0

N05 G00 Z10.0

#0＝0

N06 G00 X[－#12] Y[－#13]

N07 Z[－#10] M03 S600

WHILE #0 LT 3

N[08＋#0＊6] G01 G42 X[－#12/2] Y[－175/2] F280.0 D[#0＋1]

N[09＋#0＊6] X[0] Y[－175/2]

N[10＋#0＊6]G03 J[175/2]

N[11＋#0＊6]G01　X[#12/2]　Y[－175/2]

N[12＋#0＊6]G40　X[#12]　Y[－#13]

N[13＋#0＊6]G00　X[－#12]　Y[－#13]

#0＝#0+1

ENDW

N100　Z[－#10－#11]

#2＝175/SQRT[2]＊COS[55＊PI/180]

#3＝175/SQRT[2]＊SIN[55＊PI/180]

#4＝175＊COS[10＊PI/180]

#5＝175＊SIN[10＊PI/180]

#0＝0

WHILE　#0　LT　3

N[101＋#0＊6]　G01　G90　C42　X[－#2]　Y[－#3]F280.0　D[#0+1]

N[102＋#0＊6]　G91　X[＋#4]　Y[＋#5]

N[103＋#0＊6]　X[－#5]　Y「＋#41」

N[104＋#0＊6]　X[－#4]　Y[－#5]

N[105＋#0＊6]　[＋#5]　Y[－#4]

N[106＋#0＊6]　G00　G90　G40　X[－#12]　Y[－#13]

#0＝#0+1

ENDW

G00　X0　Y0　M05

M30

12.5.2　子程序编程

子程序的编程格式和调用格式在本章第1节已做描述。这里着重介绍 HNC-21M 带参数的子程序调用及子程序的嵌套调用。

当前程序在调用带参数的子程序时,系统会将当前程序段各字段(A~Z)的内容复制到子程序执行时的局部变量#0~#25中,同时复制调用子程序时当前通道上9个轴的绝对位置(机床绝对坐标)到宏执行时的局部变量#30~#38中。

对于每个局部变量,都可以用系统宏 AR[　]来判别该变量是否被定义,来判断被定义为增量方式还是绝对方式。该系统宏的调用格式如下。

AR[#　变量号]

返回

其中,在"#变量号"中

"#0"表示该变量没有被定义;

"#90"表示该变量被定义为绝对方式 G90;

"#91"表示该变量被定义为相对方式 G91。

项目十三　CAD/CAM 自动加工

13.1　CAD/CAM 计算机辅助编程概述

13.1.1 CAD/CAM 技术的发展趋势

(1)集成化

集成化是指把 CAD、CAE、CAPP、CAM 以至 PPC 等各种功能不同的软件有机地结合起来,用统一的执行控制程序来组织各种信息的提取、交换、共享和处理,保证系统内部信息流的畅通并协调各个系统有效地运行。

(2)网络化

21 世纪网络将全球化,制造业也将全球化,从获取需求信息,到产品分析设计、选购原辅材料和零部件加工制造,直至营销,整个生产过程也将全球化。

(3)智能化

人工智能在 CAD 中的应用主要集中在知识工程的引入、发展专家 CAD 系统上。

13.2　计算机辅助编程的步骤

(1)零件的几何建模。

(2)加工方案与加工参数的合理选择。

(3)刀具轨迹生成。

(4)数控加工仿真。

(5)后置处理。

13.3　常用编程软件介绍

仅以一例,如图 2-13-1 所示来说明 CAXA 制造工程师 2006 是如何来做平面轮廓加工的。

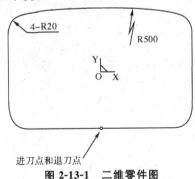

图 2-13-1　二维零件图

（1）用鼠标单击"加工"→"精加工"→"平面轮廓精加工"，如图 2-13-2 所示。

（2）弹出"平面轮廓精加工"参数表对话框，如图 2-13-3 所示，按如下对话框中的内容，设置好平面轮廓加工参数。

图 2-13-2 平面轮廓加工选择

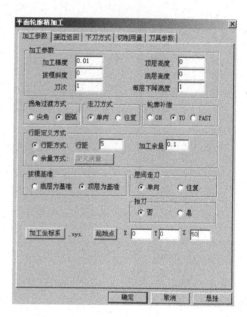

图 2-13-3 平面轮廓加工参数表

（3）用鼠标单击"平面轮廓精加工"参数表中的"刀具参数"标签，选择一把 Φ20mm 的端铣刀，如图 2-13-4 所示。

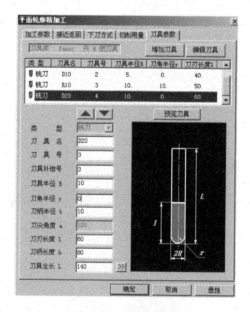

图 2-13-4 铣刀参数

（4）用鼠标单击"平面轮廓精加工"参数表中的"切削用量"标签，并按标签中的内容设置好主轴转速、进给速度等加工参数，如图 2-13-5 所示。

（5）用鼠标单击"平面轮廓精加工"参数表中的"下刀方式"标签，并按标签中的内容设置好安全高度、退刀距离等参数，如图 2-13-6 所示。

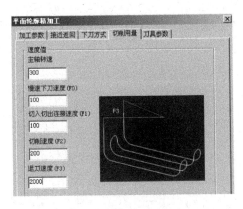

图 2-13-5 切削用量

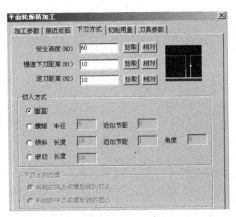

图 2-13-6 下刀方式

（6）用鼠标单击"平面轮廓精加工"参数表中的"接近返回"标签，并按标签中的内容设置好接近方式和返回方式，完成后单击"确定"按钮，如图 2-13-7 所示。

（7）完成后屏幕左下部提示"拾取轮廓和加工方向"。按图 2-13-8 所示位置拾取轮廓，并用鼠标点取向左的箭头，用以确定轮廓的自动搜索方向。

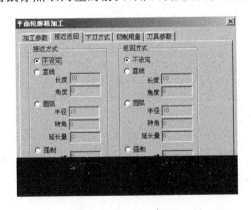

图 2-13-7 接近返回

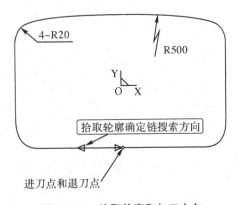

图 2-13-8 拾取轮廓和加工方向

（8）完成后，用鼠标单击"确定"按钮。轮廓上出现两个箭头，屏幕左下部提示"拾取箭头方向"，这个方向用来确定是加工零件的内形还是加工零件的外形。在本例中拾取指向零件外部的箭头来加工外形，如图 2-13-9 所示。

（9）拾取完加工方向后，屏幕左下部提示"拾取进刀点"和"拾取退刀点"，按两次鼠标右键跳过。平面轮廓加工轨迹立即生成，如图 2-13-10 所示。

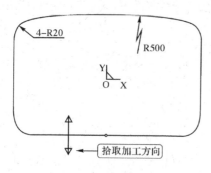

图 2-13-9　拾取箭头方向

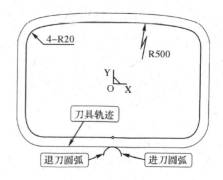

图 2-13-10　拾取进刀点和退刀点

(10)加工仿真。选择"加工"→"轨迹仿真"命令,然后拾取刀具轨迹,单击鼠标右键确认即可进行轨迹仿真,如图 2-13-11 所示。

(11)生成 G 代码。选择"加工"→"后置处理"→"生成 G 代码"命令,弹出"选择后置文件"对话框,如图 2-13-12 所示。在对话框中输入文件名"平面轮廓",然后单击"保存"按钮。

图 2-13-11　加工仿真图

图 2-13-12　生成 G 代码

(12)根据状态栏提示,拾取刀具轨迹,单击鼠标右键确认,立即弹出该轮廓加工的 G 代码后置文件,如图 2-13-13 所示。

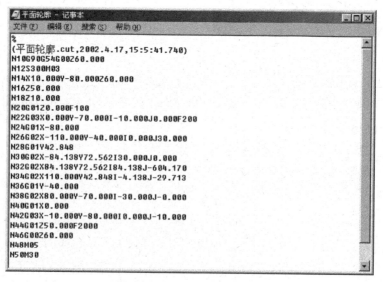

图 2-13-13　G 代码后置文件

(13)单击"拾取轨迹"按钮,然后用鼠标选取或用窗口选取或按 W 键选中全部刀具轨迹,单击鼠标右键确认,返回"工艺清单"界面。单击"生成清单"按钮,立即生成加工工艺清单输出结果,如图 2-13-14 所示。

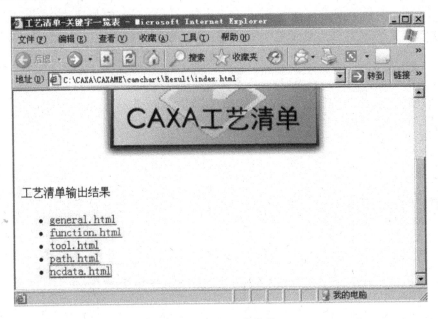

图 2-13-14　工艺清单

(14)选择相应的选项,查看刀具清单、路径清单等。例如:选择"tool.html"项,则显示刀具清单,如图 2-13-15 所示。

项目	关键字	结果	备注
刀具顺序号	CAXAMETOOLNO	1	
刀具名	CAXAMETOOLNAME	D20	
刀具类型	CAXAMETOOLTYPE	铣刀	
刀具号	CAXAMETOOLID	3	
刀具补偿号	CAXAMETOOLSUPPLEID	3	
刀具直径	CAXAMETOOLDIA	20.	
刀角半径	CAXAMETOOLCORNERRAD	0.	
刀尖角度	CAXAMETOOLENDANGLE	120.	
刀刃长度	CAXAMETOOLCUTLEN	60.	
刀杆长度	CAXAMETOOLTOTALLEN	140.	
刀具示意图	CAXAMETOOLIMAGE	Flat	HTML代码

图 2-13-15　刀具清单

至此,平面轮廓加工就完成了,可以把加工工序单和 G 代码程序通过网络传送到车间。

13.4 CAXA 制造工程师 2006 曲面加工实例

曲面加工的编程比较复杂,用手工编程很麻烦,而且需要的时间较长。在曲面加工中,一般都采用自动编程软件来完成编程任务。下面以可乐瓶底的加工为例,讲述如何利用 CAXA 制造工程师 2006 进行曲面造型和加工。可乐瓶底的曲面造型及二维图如图 2-13-16 所示。

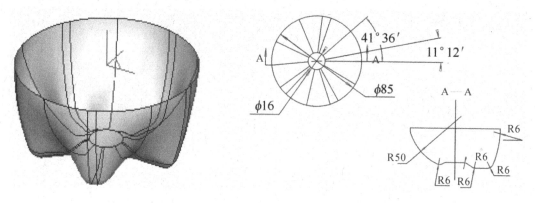

图 2-13-16 可乐瓶底曲面造型和造型的二维图

13.4.1 凹模型腔的造型

13.4.1.1 绘制截面线

(1)按 F7 键将绘图平面切换到 XOZ 平面。

(2)单击曲线工具中的"矩形"按钮 ▭ ,在界面左侧的立即菜单中选择"中心_长_宽"方式,输入长度 42.5,宽度 37,光标拾取到坐标原点,绘制一个 42.5×37 的矩形,如图 2-13-17 所示。

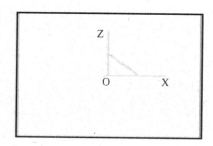

图 2-13-17 绘制矩形

(3)单击几何变换工具栏中的"平移"按钮,在立即菜单中输入 DX = 21.25,DZ = -18.5,然后拾取矩形的 4 条边,单击鼠标右键确认,将矩形的左上角平移到原点(0,0,0),如图 2-13-18 所示。

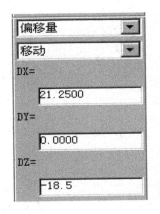
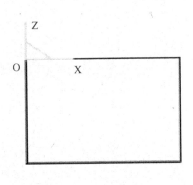

图 2-13-18　平移矩形

　　(4)单击曲线工具栏中的"等距线"按钮,在立即菜单中输入距离 3,拾取矩形的最上面一条边,选择向下箭头为等距方向,生成距离为 3 的等距线,如图 2-13-19 所示。

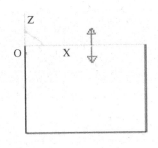
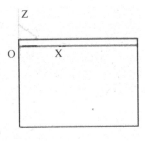

图 2-13-19　生成等距线(1)

　　(5)相同的等距方法,生成如图 2-13-20 所示尺寸标注的各个等距线。

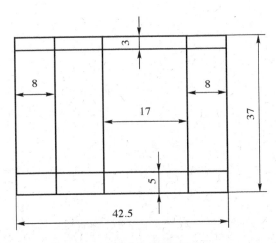

图 2-13-20　生成等距线(2)

　　(6)单击曲面编辑工具栏中的"裁剪"按钮,拾取需要裁剪的线段,如图 2-13-21(a)所示,然后单击"删除"按钮;拾取需要删除的直线,单击鼠标右键确认删除,结果如图 2-13-21(b)所示。

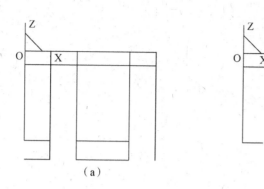

(a)　　　　　　　　　　　　(b)

图 2-13-21　裁剪线段

(7)基本轮廓线绘制。

①如图 2-13-22 所示,做过 P1、P2 点且与直线 L1 相切的圆弧 C4。单击"圆弧"按钮,选择"两点_半径"方式,拾取 P1 点和 P2 点,然后按空格键在弹出的点工具菜单中选择"切点"命令,拾取直线 L1。

②作过 P4 点且与直线 L2 相切、半径为 6 的圆 R6。单击"整圆"按钮 ⊕,选择"两点_半径"方式,拾取直线 L2(上一步中点工具菜单中选中了"切点"命令),然后切换点工具为"缺省点"命令,拾取 P4 点,按回车键输入半径 6。

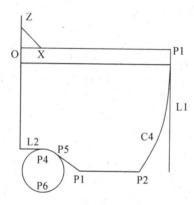

图 2-13-22　绘制轮廓线

③作过直线端点 P3 和圆 R6 切点的直线。单击"直线"按钮 ╱,拾取 P3 点,切换点工具菜单为"切点"命令,拾取圆 R6 上的一点,得到切点 P5。

④作与圆 R6 相切、过点 P5、半径为 6 的圆 C1。单击"整圆"按钮 ⊕,选择"两点_半径"方式,切换点工具为"切点"命令,拾取 R6 圆;切换点工具为"端点",拾取 P5 点;按回车键输入半径 6。

⑤作与圆弧 C4 相切、过直线 L3 与圆弧 C4 的交点、半径为 6 的圆 C2。单击"整圆"按钮 ⊕,选择"两点_半径"方式,切换点工具为"切点"命令,拾取圆弧 C4;切换点工具为"交点"命令,拾取 L3 和 C4 得到其交点;按回车键输入半径 6。

⑥作与圆 C1 和 C2 相切、半径为 50 的圆弧 C3。单击"圆弧"按钮 ╱,选择"两点_半径"

方式,切换点工具为"切点"命令,拾取圆 C1 和 C2,按回车键输入半径 50。结果如图 2-13-23 所示。

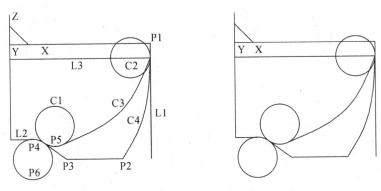

图 2-13-23 绘制曲线 C3

(8)单击曲面编辑工具栏中的"裁剪"按钮 ✂ 和"删除"按钮 ⌀,去掉不需要的部分。在圆弧 C4 上单击鼠标右键选择"隐藏"命令,将其隐藏掉,如图 2-13-24 所示。

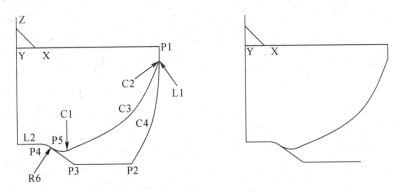

图 2-13-24 编辑图形、隐藏曲线 C4

(9)按 F5 键将绘图平面切换到 XOY 平面,然后按 F8 键显示其轴测图。

(10)单击几何变换工具栏中的"平面旋转"按钮 ⟳,在立即菜单中选择"拷贝"方式,输入角度 41.6°,拾取坐标原点为旋转中心点,然后框选所有线段,单击鼠标右键确认,结果如图 2-13-25 所示。

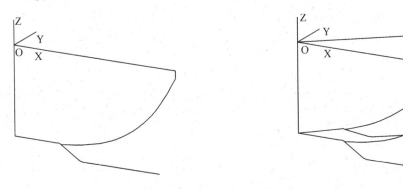

图 2-13-25 平面旋转、复制

(11)单击"删除"按钮 ⌀，删掉不需要的部分。按下 Shift＋方向键旋转视图。观察生成的第一条截面线。单击"曲线组合"按钮 ⮌，拾取截面线，选择方向，将其组合成一条样条曲线，如图 2-13-26 所示。

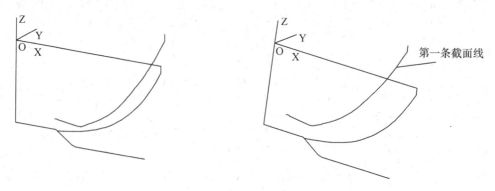

图 2-13-26　绘制第一条截面线

至此，第一条截面线完成。因为作第一条截面线用的是复制旋转，所以完整地保留了原来绘制的图形，只需要稍加编辑就可以完成第二条截面线。

(12)按 F7 键将绘图平面切换到 XOZ 面。单击"线面可见"按钮 ☼，显示前面隐藏掉的圆弧 C4，并拾取确认。然后拾取第一条截面线，单击右键选择"隐藏"命令，将其隐藏掉，结果如图 2-13-27 所示。

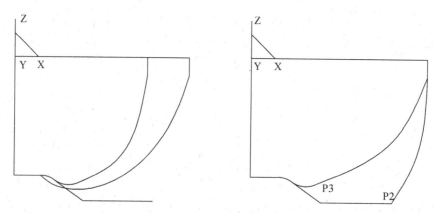

图 2-13-27　显示圆弧 C4、隐藏第一条截面线

(13)单击"删除"按钮 ⌀，删掉不需要的线段。单击"曲线过渡"按钮 ╱，选择"圆弧过渡"方式，半径为 6，对 P2、P3 两处进行过渡。

(14)单击"曲线组合"按钮 ⮌，拾取第二条截面线，选择方向，将其组合成一条样条曲线，如图 2-13-28 所示。

(15)按 F5 键将绘图平面切换到 XOY 平面，然后按 F8 键显示其轴测图。

(16)单击"整圆"按钮 ⊕，选择"圆心_半径"方式，以 Z 轴方向的直线两端点为圆心，拾取截面线的两端点为半径，绘制两个圆，如图 2-13-29 所示。

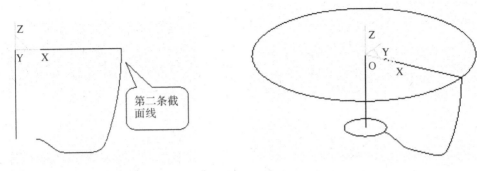

图 2-13-28　样条曲线组合　　　　　　　　图 2-13-29　圆的绘制

(17)删除两条直线。单击"线面可见"按钮 ☼ ,显示前面隐藏的第一条截面线。

(18)单击曲面编辑工具栏中的"平面旋转"按钮 🔄 ,在立即菜单中选择"复制"方式,输入角度 11.2° ,拾取坐标原点为旋转中心点,拾取第二条截面线,单击右键确认,结果如图 2-13-30 所示。

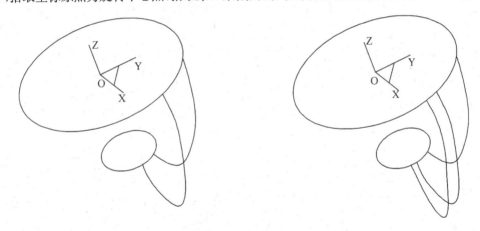

图 2-13-30　平面旋转

可乐瓶底有 5 个相同的部分,至此完成了其中一部分的截面线,通过阵列就可以得到全部,这是一种简化作图的有效方法。

(19)单击"阵列"按钮 ⊞ ,选择"圆形"阵列方式,份数为 5,拾取 3 条截面线,单击鼠标右键确认,拾取原点(0,0,0)为阵列中心,按鼠标右键确认,结果如图 2-13-31 所示。至此,为构造曲面所做的线架已经完成。

图 2-13-31　全部截面线的生成

13.4.1.2 生成网格面

按 F5 键进入俯视图,单击曲面工具栏中的"网格面"按钮,依次拾取 U 截面线共 2 条,按鼠标右键确认;再依次拾取 V 截面线共 15 条,单击鼠标右键确认。稍等片刻曲面生成,如图 2-13-32 所示。

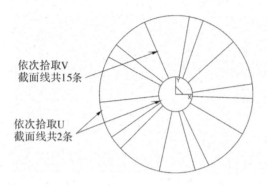
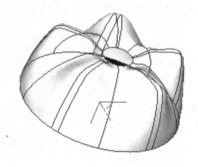

依次拾取V
截面线共15条

依次拾取U
截面线共2条

图 2-13-32　生成网格面

13.4.1.3 生成直纹面

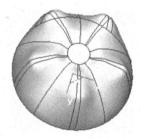

底部中心部分曲面可以用两种方法来做:裁剪平面和直纹面(点＋曲线)。这里用直纹面"点＋曲线"来做,这样的好处是在加工时,两张面(网格面和直纹面)可以一同用参数线来加工,而裁剪平面不能与非裁剪平面一起来加工。

(1)单击曲面工具栏中的"直纹面"按钮 ,选择"点＋曲线"方式。

(2)按空格键,在弹出的点工具菜单中选择"圆心"命令,拾取底部圆,先得到圆心点,再拾取圆,生成直纹面如图 2-13-33 所示。

图 2-13-33　生成直纹面

(3)选择"设置"→"拾取过滤设置"命令,取消图形元素类型中的"空间曲面"项。然后选择"编辑"→"隐藏"命令,框选所有曲线,单击鼠标右键确认,就可以将线框全部隐藏掉,结果如图 2-13-34 所示。

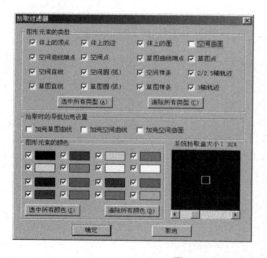
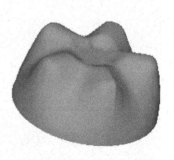

图 2-13-34　隐藏线框

至此,可乐瓶底的曲面造型已经完成。下一步的任务是如何选用曲面造型造出实体。

13.4.1.4 曲面实体混合造型

造型思路:先以瓶底的上口为准,构造一个立方体实体,然后用可乐瓶底的两张面(网格面和直纹面)把不需要的部分裁剪掉,得到所要求的凹模型腔。多曲面裁剪实体是CAXA制造工程师2006中非常有用的功能。

(1)单击特征树中的"平面XY",选定平面XOY为绘图的基准面,如图2-13-35所示。

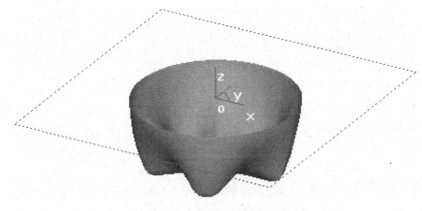

图2-13-35　选定绘图基准面

(2)单击"绘制草图"按钮 ![icon]，进入绘制草图状态,在选定的基准面XOY面上绘制草图。

(3)单击曲线工具栏中的"矩形"按钮 ![icon],选择"中心_长_宽"方式,输入长度120,宽度120,拾取坐标原点(0,0,0)为中心,得到一个120×120的正方形,如图2-13-36所示。

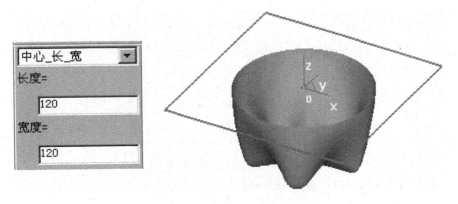

图2-13-36　绘制正方形

(4)单击特征生成工具栏中的"拉伸增料"按钮 ![icon],在弹出的"拉伸"对话框中,输入深度为50,选中"反向拉伸"复选框,单击"确定"按钮,得到立方实体如图2-13-37所示。

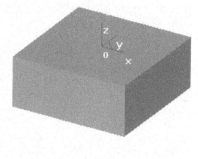

图 2-13-37　拉伸立方实体

（5）选择"设置"→"拾取过滤设置"命令，在弹出对话框中的"拾取时的导航加亮设置"项选中"加亮空间曲面"，这样当鼠标移到曲面上时，曲面的边缘会被加亮。同时为了更加方便拾取，单击"线架显示"按钮，退出真实感显示，进入线架显示，可以直接点取曲面的网格线，结果如图 2-13-38 所示。

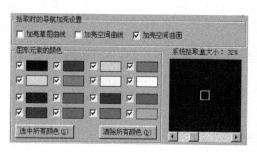
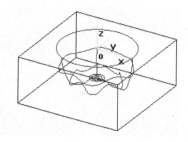

图 2-13-38　加亮空间曲面

（6）单击特征生成工具栏中的"曲面裁剪除料"按钮，拾取可乐瓶底的两个曲面，选中对话框中的"除料方向选择"复选框，切换除料方向为向里，以便得到正确的结果，如图 2-13-39 所示。

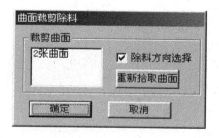

图 2-13-39　选择除料方向

（7）单击"确定"按钮，完成曲面除料。选择"编辑"→"隐藏"命令，拾取两个曲面将其隐藏掉。然后单击"真实感显示"按钮，造型结果如图 2-13-40 所示。

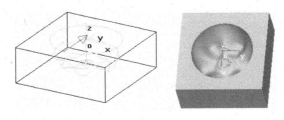

图 2-13-40　造型结果

13.4.2 可乐瓶底的加工准备

13.4.2.1 设定加工刀具

(1)选择"加工管理"特征树→"刀具库",双击后弹出"刀具库管理"对话框,如图 2-13-41 所示。

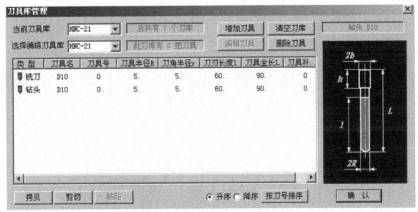

图 2-13-41　设定加工刀具

(2)增加铣刀,这里可以任意增加刀具和删除刀具。单击"增加刀具"按钮,在对话框中输入铣刀名称,刀具名称可以任意给,只要自己好识别就可以,如图 2-13-42 所示。

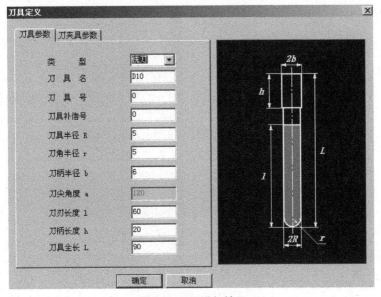

图 2-13-42　增加铣刀

（3）设定增加的铣刀的参数。输入正确的数值，刀具定义即可完成。其中，刀刃长度和刃杆长度与仿真有关而与实际加工无关，在实际加工中要正确选择吃刀量和吃刀深度，以免损坏刀具。

13.4.2.2 后置设置

用户可以增加当前使用的机床，给出机床名，定义适合自己机床的后置格式。系统默认的格式为 FANUC 系统的格式，可以通过"增加机床"设置 HNC-21M 数控系统。

（1）选择"加工"→"后置处理"→"后置设置"命令。

（2）增加机床设置。选择"增加机床"，输入机床名称"HNC-21M"后确定，弹出"机床后置"对话框，如图 2-13-43 所示，按数控系统规定填写对话框。

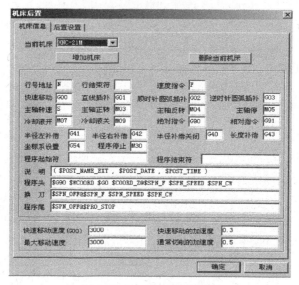

图 2-13-43　增加机床设置

（3）后置处理设置。选择"后置设置"标签，根据当前的机床设置各参数，如图 2-13-44 所示。

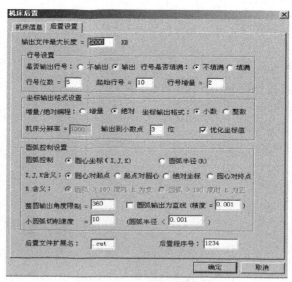

图 2-13-44　后置处理设置

13.4.2.3 设定加工毛坯

(1)选择"加工"→"定义毛坯",弹出界面如图 2-13-45 所示。

(2)选择"参照模型",单击"参照模型"按钮,选择模型,然后单击"确定"按钮,生成粗加工的毛坯轮廓,如图 2-13-46 所示。

图 2-13-45 定义毛坯界面

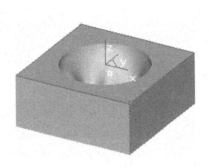

图 2-13-46 设定加工毛坯

13.4.3 可乐瓶底的常规加工

13.4.3.1 等高粗加工刀具轨迹

(1)设置工艺参数。选择"加工"→"粗加工"→"等高线粗加工",出现"等高线粗加工"对话框,如图 2-13-47 所示。在对话框选项中填写如图所示各项参数。注意毛坯类型选择"拾取轮廓"。

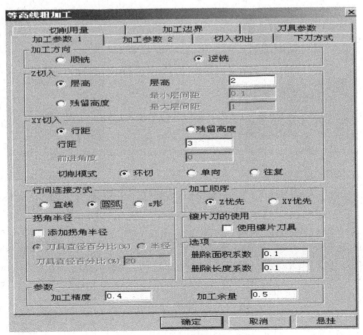

图 2-13-47 设置粗加工参数

（2）设置切削用量。输入相应的主轴转速、F 进给速度等参数，然后单击"确定"按钮，如图 2-13-48 所示。

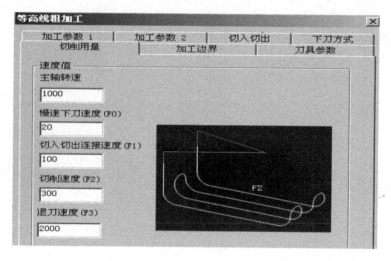

图 2-13-48　设置切削用量

（3）选择"切入切出"和"下刀方式"选项标签，设定切入切出方式和下刀方式，如图 2-13-49、2-13-50 所示。

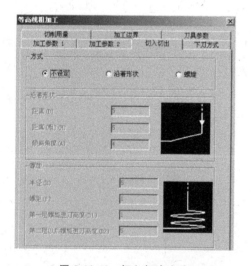

图 2-13-49　切入切出方式

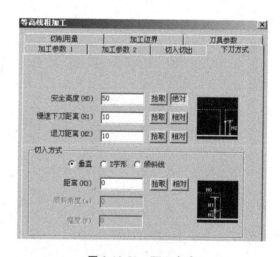

图 2-13-50　下刀方式

（4）选择"刀具参数"选项标签，选择铣刀为 R5 球刀，设定球刀的参数，如图 2-13-51 所示。

（5）根据左下方的提示"拾取加工对象"，拾取曲面。拾取曲面可以按 W 键，全部选中。单击鼠标右键确认以后系统开始计算，稍候，得出轨迹如图 2-13-52 所示。

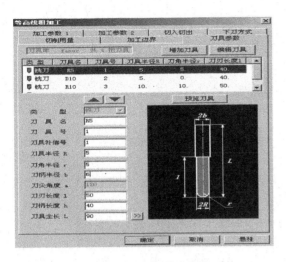

图 2-13-51 选择铣刀参数

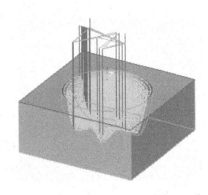

图 2-13-52 生成粗加工轨迹

(6)拾取粗刀具轨迹,单击右键选择"隐藏"命令,将粗加工轨迹隐藏掉,以便观察下面的精加工轨迹。

13.4.3.2 精加工——参数线加工刀具轨迹

(1)选择"加工"→"精加工"→"参数线精加工"命令,弹出"参数线精加工"对话框,如图2-13-53 所示,按照表中内容设置参数线加工参数。刀具和其他参数按粗加工的参数设定。完成后单击"确定"按钮。

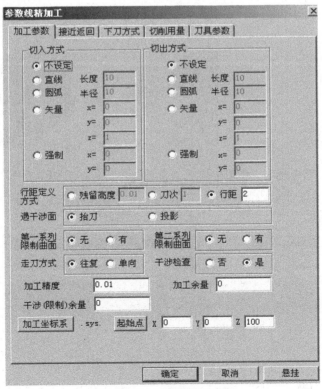

图 2-13-53 设置精加工参数

(2)根据状态栏提示拾取曲面,当把鼠标移到型腔内部时,曲面自动被加亮显示,拾取同一高度的两张曲面后,单击鼠标右键确认,根据提示完成相应的工作,最后生成轨迹如图 2-13-54 所示。

(3)如果把轨迹生成的功能灵活运用一下,也可以得到软件未提供的轨迹生成方式。下面的放射状加工就是一例,如图 2-13-55 所示。

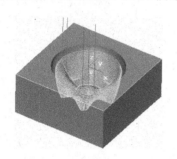
图 2-13-54 生成参数线精加工轨迹

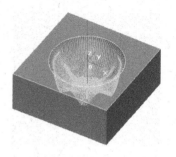
图 2-13-55 放射状加工轨迹

13.4.3.3 轨迹仿真、检验与修改

(1)单击"线面可见"按钮,显示所有已经生成的加工轨迹,然后拾取粗加工轨迹,单击鼠标右键确认。

(2)选择"加工"→"轨迹仿真"命令。拾取粗加工/精加工的刀具轨迹,单击鼠标右键结束。系统将进行加工仿真,如图 2-13-56 所示。

(3)仿真过程中,系统显示走刀速度。仿真结束后,拾取点观察仿真截面,如图 2-13-57 所示。

图 2-13-56 轨迹仿真

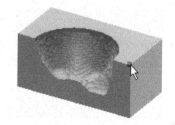
图 2-13-57 仿真截面

(4)单击鼠标右键,弹出"选择仿真文件"对话框,输入文件名,单击"保存"按钮,存储可乐瓶加工仿真的结果。

(5)仿真检验无误后,单击"文件"→"保存"按钮,保存粗加工和精加工轨迹。

13.4.3.4 生成 G 代码

(1)选择"加工"→"后置处理"→"生成 G 代码"命令,弹出"选择后置文件"对话框,如图 2-13-58 所示。填写加工代码文件名"可乐瓶底粗加工",单击"保存"按钮。

图 2-13-58 选择后置文件

（2）拾取生成的粗加工刀具轨迹，单击鼠标右键确认，弹出粗加工代码文件，如图 2-13-59 示，保存即可。

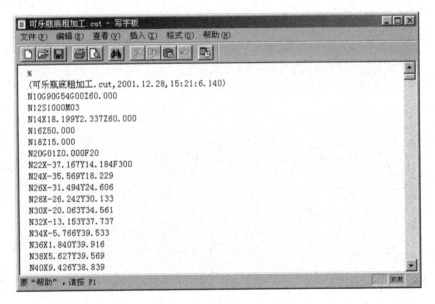

图 2-13-59 生成粗加工代码

（3）用同样的方法生成精加工 G 代码。

13.4.3.5 生成工艺清单

（1）选择"加工"→"工艺清单"命令，弹出"工艺清单"对话框，输入文件名"可乐瓶底"等选项，如图 2-13-60 所示。

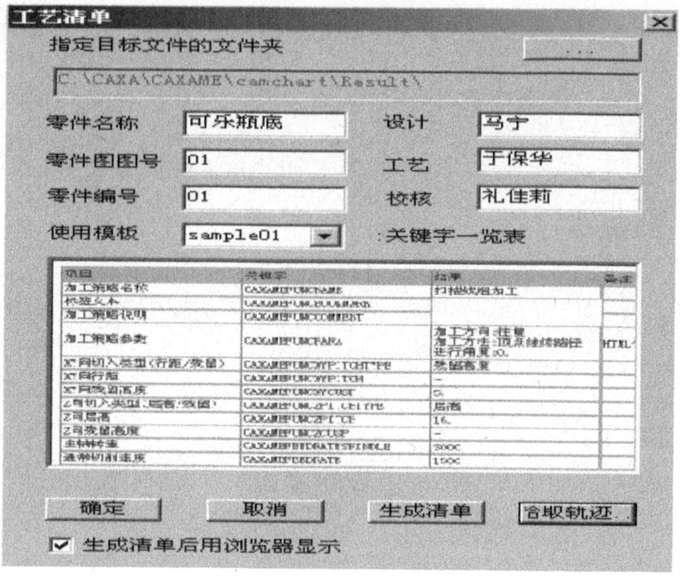

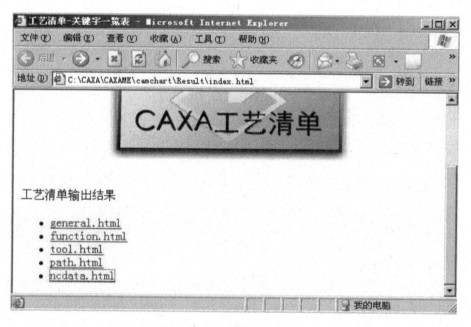

图 2-13-60　工艺清单

　　(2)单击"拾取轨迹"按钮,在绘图界面下用鼠标选取或用窗口选取或按"W"键,选中全部刀具轨迹,单击鼠标右键确认。返回"工艺清单"界面,单击"生成清单"按钮,生成加工工艺清单输出结果,如图 2-13-61 所示。

图 2-13-61　工艺清单输出结果

　　(3)选择相应的选项,查看刀具清单、路径清单等。如选择"tool.html"则显示刀具清单,如图 2-13-62 所示。

项目	关键字	结果	备注
刀具顺序号	CAXAMETOOLNO	1	
刀具名	CAXAMETOOLNAME	D10	
刀具类型	CAXAMETOOLTYPE	铣刀	
刀具号	CAXAMETOOLID	0	
刀具补偿号	CAXAMETOOLSUPPLEID	0	
刀具直径	CAXAMETOOLDIA	10.	
刀角半径	CAXAMETOOLCORNERRAD	5.	
刀尖角度	CAXAMETOOLENDANGLE	120.	
刀刃长度	CAXAMETOOLCUTLEN	60.	
刀杆长度	CAXAMETOOLTOTALLEN	90.	
刀具示意图	CAXAMETOOLIMAGE		HTML代码

图 2-13-62　刀具清单